약 먹이기 전, 병원 가기 전

엄마는 아이의 첫 번째 의사입니다

약 먹이기 전, 병원 가기 전
엄마는 아이의 첫 번째 의사입니다

초판 1쇄 인쇄 2023년 10월 25일
초판 1쇄 발행 2023년 11월 9일

지은이 백재영

펴낸이 김찬희
펴낸곳 끌리는책

출판등록 신고번호 제25100-2011-000073호
주소 서울시 구로구 연동로1길9, 202호
전화 영업부 (02) 335-6936 편집부 (02) 2060-5821
팩스 (02) 335-0550

이메일 happybookpub@gmail.com
페이스북 happybookpub
블로그 blog.naver.com/happybookpub
포스트 post.naver.com/happybookpub
스토어 smartstore.naver.com/happybookpub

ISBN 979-11-87059-87-5 03590
값 16,800원

• 이 책은 말싸미의 815 글꼴을 사용하여 디자인되었습니다.

약 먹이기 전, 병원 가기 전

엄마는 아이의 첫 번째 의사입니다

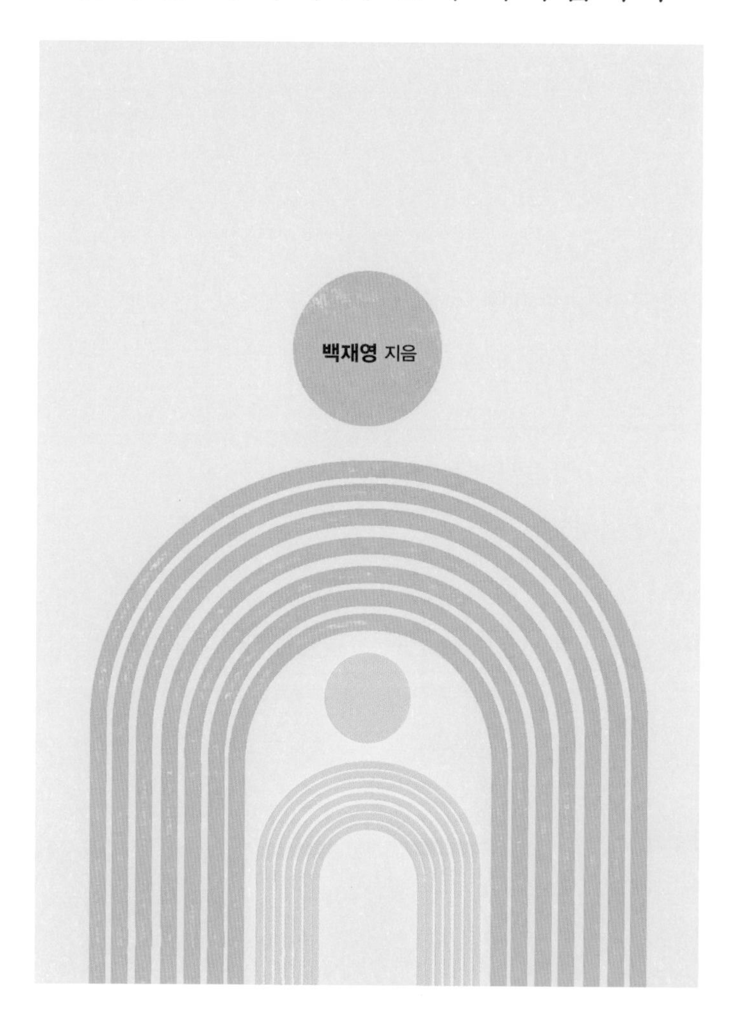

끌리는책

머리말

아이가 건강하게 자라기를 바라는 부모님에게

10여 년 전 《소중한 내 아이 365일 36.5도》를 출간했습니다. 아이 셋 모두 열 살이 되기 전 일입니다. 세 아이가 자라는 동안 겪은 다양한 증상과 우리 한의원에 내원한 아이들의 증상에 대처하고, 진료하고, 치료한 과정을 소개하며 한방 치료와 한약으로 아이를 건강하게 키우는 방법을 알렸습니다. 시간이 흐르면서 그때 책 속에 담지 못했던 내용들과 그동안 쌓인 진료 경험을 더해 개정판을 준비했습니다. 그런데 원고를 수정하다 보니 아이를 둔 부모를 위한 한방 건강 지침서로 새롭게 쓰게 되었습니다. 이 책은 아이들이 주로 겪는 질병 증상을 다루고, 아이를 건강하게 자라게 하려면 부모가 어떤 역할을 해야 하는지 강조했습니다.

저는 한의사이면서 세 아이를 키우는 아빠입니다. 지금은 막내가 중학생이니 아이들이 다 컸다고 봐도 되겠습니다. 세 아이를 키우는 동안 병원에 가서 항생제, 해열제, 항히스타민제

같은 양약을 먹인 적이 없습니다. 아픈 아이를 업고 한밤중에 응급실로 뛰어간 일이 없고, 병원에 입원한 아이 옆에서 밤을 지새우지도 않았습니다. 그렇다고 아이들이 전혀 아프지 않았던 것은 아닙니다. 다른 아이들처럼 감기에 걸리고, 갑자기 열나고, 중이염이 생기고, 배탈도 나면서 컸습니다. 아이가 하나여도 아플 일이 많은데 셋이다 보니 세 배나 많이 아픈 모습을 지켜보았습니다. 다만 열나거나, 감기에 걸리더라도 그때그때 원인을 살폈습니다.

한의사 아빠이기에 가능하지 않았느냐고 반문할 분도 있을 것 같습니다. 물론 그렇습니다. 만약 양약이 필요한 상황이었다면, 아이가 빨리 낫기 바라는 간절함으로 항생제든 해열제든 당연히 먹였을 것입니다. 그렇지만 저는 무엇보다 아이가 아픈 원인을 찾고자 했습니다. '왜 감기에 걸린 거지?' '왜 배탈이 난 걸까?' '왜 열이 나는 거지?' 아이들의 몸 상태, 건강 상태 등을 살피고 그에 맞는 적절한 치료가 무엇인지 생각했습니다. 시간이 필요한 상황에서는 초조해하지 않고 아이 몸이 스스로 회복해가는 과정을 지켜보았습니다. 그랬더니 양약을 먹일 상황까지 이르지 않았습니다.

그랬더니 아이들이 어렸을 때 아프더라도 금방 낫고, 밥 잘 먹고, 잘 자게 되었습니다. 그러다 보니 세 아이를 키우면서 힘들다고 생각해본 적이 없었습니다. 지금은 모두 건강하게 커서 자기 할 일을 잘 해나가고 있습니다.

건강하게 태어난 아이라면 성장하면서 접하는 병은 한정되어 있습니다. 응급실에 가거나 종합병원에서 정밀검사를 해야 하는 경우도 있겠지만, 대부분은 주변 병원이나 가까운 한의원에서 치료할 수 있는 일상적인 질환입니다.

아이들이 자주 접하는 질환들에 대해 몇 가지 특징만 알면 부모님 걱정을 덜 수 있을 텐데 하는 아쉬움을 진료하는 동안 너무나 많이 느꼈고, 이러한 부분에 중점을 두고 20년이 넘는 진료 경험을 이 책에 새롭게 담았습니다.

책을 쓰면서 다음의 두 가지 원칙을 염두에 두었습니다.

첫째, 백과사전처럼 어린아이에게 나타날 수 있는 모든 병을 설명하는 것이 아니라 아이가 성장하면서 가장 많이 발생하는 병과 증상만 골랐습니다.

둘째, 어려운 의학용어를 최대한 배제하고 진료실에서 제가 환자에게 설명하는 것과 똑같은 느낌으로 썼습니다.

인터넷 검색창에 궁금한 질병 이름을 입력하면 병의 원인부터 증상까지 수많은 지식을 쉽게 얻을 수 있는 세상입니다. 병에 관한 일반적인 내용은 인터넷에서 충분히 접할 수 있다고 생각해서 이 책에서는 많이 언급하지 않았습니다.

대신 우리 아이가 아플 때 병원에 가야 할 것인지, 조금 더 지켜보며 기다려야 할 것인지, 양약의 도움이 필요한 경우인지 아니면 오히려 양약을 피해야 하는 경우인지, 병원에서보다 한방 치료를 통해 좋은 효과를 기대할 수 있는 병인지 판단할 수 있는 나침반이 되도록 노력했습니다.

진료를 하다 보면, 환자가 어린아이일 경우 함께 내원한 부모님과 이야기를 많이 나눕니다. 아이들은 스스로 통증이나 증상을 설명하기 어렵거든요. 보통 아이가 아프다고 하면 이마에 손을 대보고, 체온을 재보고 아이 얼굴을 살피시지요?

그런 것처럼 아이가 언제부터 아팠는지, 무엇을 먹었는지, 어떤 활동을 했는지 잘 관찰하고 계신 부모님이라면 의사는 진료 방향을 정하기가 훨씬 수월합니다.

책 제목에서 '엄마'라는 표현은 아이를 키우고 돌보는 분들의 대명사라고 생각하면 좋겠습니다. 아이를 돌보고 관찰하는 분은 엄마뿐 아니라 아빠, 할머니, 할아버지, 고모, 이모, 삼촌일 수 있습니다. 이 책을 읽고 나면 우리 아이뿐 아니라 다른 가정의 아이 건강 상태도 주의깊게 살필 수 있을 것입니다. 아이들을 건강하게 자라게 하는 일은 한 가정만의 책임이 아니라 우리 사회 모든 어른들의 의무일 수 있으니까요.

이 책을 통해 부모님들이 아이가 아플 때 느꼈던 불필요한 불안과 공포에서 한 발 떨어져서 바라볼 수 있는 계기가 되기를 희망합니다. 아이 건강을 상하게 했던 잘못된 치료법과 생활습관을 하나하나 바꿔나감으로써, 아이 키우는 일이 힘들고 어려운 일이 아니라 행복하고 즐거운 일이라는 것을 모든 부모님이 느끼기를 바랍니다.

끝으로, 제가 태어나서부터 성인이 되기까지 건강하게 자랄 수 있도록 가장 많이 애쓰셨을 부모님께 감사드립니다. 그리고 세 아이를 키우면서 아이가 아플 때뿐만 아니라 늘 남편을 믿고 따라준 아내와 건강하게 자라준 아이들에게 고마움을 전합니다.

용인 청명한의원 원장 백재영

차례

3장 배가 자꾸 아프다고 할 때

4장 두통, 어지러움, 멀미를 호소할 때

5장 피부에 문제가 생겼을 때

6장 키가 자라지 않을 때

7장 열이 날 때

8장 비염이 있을 때

책 읽기 전에

아이 몸을 관찰해보세요

부모님은
병의 원인을 찾는 탐정

몸이 불편해서 병원에 가고, 병원에서 이런저런 검사를 하고 나면 병명이 따라옵니다. 병 이름은 셀 수 없을 만큼 다양하고 많습니다. 그런데 성인과 달리 어린이의 질병은 상대적으로 적고, 외부 영향을 덜 받는 편입니다.

건강하게 태어나 건강하게 지내던 아이가 아플 때, 혹은 문제가 생겨 병원에서 치료했을 때 금방 낫고 좋아지면 다행이지만 그렇지 않은 예가 참 많습니다. 아이 키우는 부모라면 늘 고민하는 문제입니다.

건강했던 아이에게 무엇인가 불편한 증상이 생겼을 때, 어떤 문제가 있어서 아프게 되었는지 생각하는 습관을 가져보세요. 어떤 사건의 실마리를 찾는 탐정처럼 내 아이에게 어떤 일이 있었기에 증상이 시작되었는지 어떨 때 증상이 심해지는지 찾아보는 겁니다.

그렇다고 전문 의학지식이나 병명까지 공부할 필요는 없습니다. 아이는 어른의 질병처럼 원인이 다양하지 않고 여러 원인이 복합되어 발병하지는 않습니다.

타고난 유전적 질환, 세균이나 바이러스와 같은 외부의 감염 질환, 다치거나 넘어져서 발생하는 외상 등을 제외한다면 아이들이 아픈 원인은 크게 다음의 두 가지 문제를 벗어나지 않습니다.

• 체력 저하 그리고 소화기능의 문제

병이 생긴 원인을 추적해보고 증상이 심해지는 상황을 살펴보면 어린이에게 가장 큰 영향을 미치는 것은 체력과 소화기능 상태입니다.

부모님이 탐정이 되었다고 생각하고 아이가 아프기 직전 상황을 되짚어보세요. 체력과 소화기능 상태가 유력한 범인이라고 여기면서 말입니다. 그러면 안갯속에 숨어있던 사건의 범인이 드러나듯 아이가 아프게 된 원인을 찾아낼 수 있습니다.

얼굴을 보면
건강 상태를 짐작할 수 있다

집에서 식물 한두 가지는 키우시지요? 햇볕과 물이 충분하고 땅에 영양분이 가득하다면, 잎이 매끄럽고 푸른 초록빛을 띱니다. 그런데 어느 순간 식물이 축 늘어져 있으면서 잎 표면이 거칠고, 누렇게 뜨면서 얼룩덜룩해진다면 상태가 좋지 않음을 알게 됩니다. 잎을 하나씩 분해하거나 성분 검사까지 할 필요가 없습니다.

그러면 도대체 무엇이 문제인지 살펴볼 것입니다. 물이 부족했는지, 햇볕은 잘 드는지, 흙에 영양소가 부족한지 등 원인을 찾아보고 문제점을 해결해주면, 축 늘어진 식물에 생기가 돌고 매끄러워지면서 건강한 초록색 잎으로 변화하게 됩니다.

식물의 건강 상태가 잎에 먼저 드러나듯이, 사람의 건강 상태는 얼굴과 피부에 먼저 나타납니다. 옛말에 "얼굴이 누렇게 떴다."라는 표현이 있습니다. 먹을 것이 부족했던 시기에는 영양분 흡수가 부족해 얼굴색이 누런 사람이 많았습니다. 그런데

먹을 것이 넘쳐나는 요즘도 얼굴이 누렇게 뜬 아이들이 꽤 있습니다. 이는 음식이 부족해서가 아닙니다. 소화기능과 장 기능이 좋지 않아 영양분 흡수가 잘 되지 않아서입니다.

처음에는 얼굴색이 누렇지만 다음 단계가 되면 얼굴 곳곳에 버짐이 피는 것처럼 하얗게 벗겨지는 부위가 생기면서 얼룩덜룩하게 보입니다. 이때는 얼굴에 혈색이 안 보이고 어둡기 때문에 햇볕에 얼굴이 타서 그렇다고 생각합니다. 햇볕에 얼굴이 타서 어둡고 검은 것이라면 얼굴 전체가 그래야 하는데, 부분적으로 얼룩덜룩하다면 햇볕에 탄 것이 아닙니다. 그다음 단계가 되면 눈 주위에 다크서클이 생기고, 심하면 입 주변이 검어지기도 합니다.

얼굴 피부에 문제가 있다고 생각한 부모님은 피부과에 가서 진찰받아보지만, 별다른 진단이 없거나 아토피 같다는 이야기만 듣고 옵니다.

얼굴에 이런 모습을 보이는 어린이들은 진찰하지 않고 얼굴만 보아도 '소화기능과 장 기능이 좋지 않겠구나.' 하고 알 수 있습니다. 반대로 문제가 되는 소화기능을 잘 치료하면 건강하고 밝은 얼굴로 혈색이 돌아오는 것을 볼 수 있습니다. 아이들은 건강 상태에 따라 얼굴색 변화가 매우 빠르게 나타납니다.

아이의 얼굴색이 어떤지, 피부가 거친지, 눈 주위에 다크서클은 없는지 살펴보세요. 매일 보는 얼굴이라 잘 모르고 지나칠 때가 많습니다. 하지만 관심을 두고 자주 보면 보입니다. 가족끼리 서로 얼굴을 바라보며 비교해보고, 아이 친구들을 만날 때도 얼굴색이 내 아이와 어떻게 다른지 살펴보세요.

식물의 잎을 보고 문제가 있는지 없는지 쉽게 알 수 있듯이, 얼굴색과 피부를 통해 아이의 건강 상태를 부모님도 쉽게 판단할 수 있습니다. 식물의 뿌리에서 영양분 흡수가 잘 되면 생기 있는 잎으로 변화하는 것처럼, 소화기능이 원활해지면 건강한 혈색을 띤 얼굴과 피부로 바뀌게 됩니다.

한의학과 서양의학의 차이

서양의학은 검사를 통해 특정 세균이나 바이러스에 감염된 것인지, 혈액검사나 소변검사 등을 통해 특정한 수치가 높거나 낮지 않은지, 비정상 조직이나 덩어리가 있는지 찾으려 애씁니다. 문제를 발견하면 그에 맞는 병명이 붙고, 매뉴얼대로 약을 처방합니다. 약의 성분 역시 발견한 세균을 죽이거나, 수치를 낮추거나, 비정상 조직을 제거하는 방향으로 초점을 맞춥니다.

한의학의 기본 관점은 병이 생긴 원인을 찾는 데 있습니다. 병이 시작되었을 때 어떠한 상황이었는지, 어떤 문제가 있었는지 먼저 확인합니다. 피로가 누적되어 있었는지, 좋지 않은 음식을 먹은 건 아닌지, 스트레스를 받지 않았는지, 추운 곳에 있어서 몸이 냉(冷)하지 않은지 살핍니다.

예를 들어보겠습니다. 갑자기 머리가 아픕니다. 병원에 가서 머리를 검사합니다. 검사 결과 별다른 이상이 없다고 가정해보겠습니다. 그러면 일단 진통제를 쓰고, 증상이 지속되면 정신과 쪽으로 진료 방향을 전환하기도 합니다.

한의학에서는 머리가 아프기 직전에 무엇을 했는지 확인합니다. 전날 밤에 잠을 못 잤거나 일이 많았는지, 바로 전에 평소와 다른 음식을 먹었는지, 속은 편한지, 신경을 많이 썼는지, 잠을 못 잤는지 등을 물어보고 확인합니다. 만약 바로 전에 과식했고 소화가 안 된 다음 머리가 아파진 것을 확인한다면 '소화 장애가 두통의 원인이구나.' 하고 소화 장애를 개선하는 데 주안점을 두고 한약이나 침으로 치료를 진행할 것이고, 식적두통(食積頭痛)이라고 진단합니다. 피로가 쌓여서 생긴 두통이라면 피로를 없애는 치료를 기본으로 진행합니다.

이러다 보니 일반 병원에서는 검사 결과를 보고 진단과 처방을 하게 되므로 의사가 환자와 이야기 나누는 진찰 시간이 짧을 수밖에 없고, 한의원에서는 병의 유발 원인을 찾기 위해 환자와 오랜 시간 이야기를 해야 해서 진료시간이 길 수밖에 없습니다.

무엇이 옳다 그르다의 문제가 아니라 동양에서는 한의학이 이런 관점으로 발전해왔고, 서양에서는 그런 관점으로 의학이 발달해왔다는 것입니다. 과학기술이 발전하면서 여러 가지 정밀검사를 할 수 있는 기계들이 발명되고 있는데, 검사기기의 사용을 의사만 독점하고, 치과의사나 수의사도 사용하는 엑스레이조차 한의사는 사용하지 못하고 있는 게 현실입니다. 이러한 검사기계를 이용하여 환자 상태를 확인하고, 한의학의 관점으로 병의 원인을 찾으면서 치료한다면 훨씬 좋은 결과를 얻을 수 있을 텐데 많이 아쉽습니다.

어린이 질병의 특징

감염성 질환과 외상, 선천성 질환을 제외하면 아이들의 병은 몇 가지 특징이 있습니다.

첫째, 검사를 해도 별다른 이상 소견이나 진단이 나오는 일이 드뭅니다. 건강하게 태어난 아이라면 어려서 종양과 같은 구조적인 문제가 생길 가능성이 매우 작습니다. 예를 들어 뇌에 종양이 있거나 구조적인 문제가 있다면 구토, 시력과 청력 저하, 체중 감소, 의식 소실 등과 같은 증상이 동반되기 때문에 이미 병원에서 검사를 통해 적절한 치료 과정을 거치고 있을 것입니다. 병원에서 검사할 때 병명이 붙으려면 특정 수치가 높거나 종양과 같은 어떤 덩어리가 보여야 하는데, 병원에서 이런저런 검사를 해도 별다른 이상이 없고 병명이 나오지 않을 때가 많습니다.

둘째, 약을 먹고 증상이 잠깐 덜해질 뿐 다시 재발하거나 잘 낫지 않는 사례가 많습니다. 항암제나 항생제 등과 같이 특정

질환에 맞는 몇몇 약을 제외하면, 아이들이 아픈 상황에서는 증상을 일시적으로 완화하게 하는 약이 대부분입니다. 원인을 치료하는 약이 아니기 때문입니다.

셋째, 쉽게 자주 아픕니다. 아이들은 성장하는 과정이므로 신체 기능과 오장육부 상태, 면역력이 완전하지 않습니다. 이로 인해 외부의 작은 자극이나 좋지 않은 환경, 식습관에 따라 쉽게 아프고 병이 생깁니다.

넷째, 원인 치료만 정확하게 한다면 매우 빨리 낫습니다. 아픈 원인을 정확히 파악하고 그에 맞는 치료와 문제점을 해결해 준다면 매우 빨리 변화하고 좋아집니다.

아이들이 아픈 원인은 복잡하지도 않고 많지도 않습니다. 몇 가지 사례만 기억한다면 아픈 원인을 비교적 쉽게 찾아 치료할 수 있습니다.

어린이가 어른보다 빠르게 좋아지는 이유

일반적인 질병의 경우 어린이는 어른보다 치료 효과가 빠르게 나타납니다. 성인을 치료할 때와 비슷한 치료 기간을 예상했는데 실제로는 예상 기간보다 빨리 치료가 끝나는 경우가 대부분입니다.

몇 가지 이유가 있습니다. 어린이는 어른보다 스트레스로 인한 질병이 많지 않습니다. 물론 아이에게 스트레스가 없을 수는 없습니다. 하지만 대부분은 본인이 하고 싶은 대로 행동하지 못해 생기는 일시적인 짜증일 뿐입니다. 화가 치밀어 어른처럼 밤에 잠도 못 잘 정도, 가슴이 두근거릴 정도, 신경정신과 상담을 받아야 할 정도의 스트레스는 없습니다. 따라서 정상적인 가정환경이라면 어린이 병의 원인에서 스트레스로 인한 질병은 크게 고려하지 않아도 됩니다.

또한 어린이는 어른보다 혈액이 맑고 노폐물이 없으며 오장육부가 기본적으로 건강하고 혈액순환이 잘 됩니다. 자동차가

공장에서 막 출고되었을 때 엔진과 부품이 깨끗한 것과 같은 이치입니다.

하지만 성인은 혈액이 탁해지고 혈관 내부에 노폐물이 쌓이기도 하고 장부(臟腑)의 기능도 저하되어 있습니다. 게다가 직장생활과 사회활동 등으로 체력이 저하되어 있기 쉬우며, 술이나 담배 같은 기호식품의 영향도 있고, 식생활까지 고려해야 합니다. 또한 스트레스로 인한 신경계 이상, 혈관 수축으로 인한 혈액순환 장애 등 셀 수 없을 정도의 문제가 생기기 마련입니다. 그러다 보니 성인은 처방의 방향을 정하기 위해 고려하고 생각해야 할 부분들이 많고 복잡해지며 치료 효과도 쉽게 나타나지 않습니다.

어린이는 어른보다 병을 이겨낼 수 있는 힘이 매우 강합니다. 아이가 아플 때는 증상을 줄이려는 쉬운 치료법만 생각하지 말고 무엇 때문에 아픈 건지 늘 생각하고 고민하세요. 병의 원인이 밝혀지면 치료 방법을 곧 찾게 되면서 회복 속도가 훨씬 빨라집니다.

체력 저하가 원인

아이는 힘은 약해도 기운은 강하다

앞에서 아이가 아프게 되는 주요 원인을 체력 저하와 소화기능 때문이라고 설명했습니다. 이번 장에서는 아이들의 체력이 약해지는 원인과 이로 인해 생기는 문제점에 대해 설명하겠습니다.

아이들은 어른보다 힘이 약합니다. 하지만 기운은 훨씬 강합니다. 힘이 세다는 말과 기운이 강하다는 말은 비슷하지만 전혀 다른 뜻입니다. 무거운 것을 들 수 있다면 이 사람은 힘이 세다고 표현합니다. 그런데 힘이 아무리 센 사람이라도 하루 동안 아이들과 똑같이 움직여보라고 하면 반나절도 안 돼서 지쳐 나가떨어질 것입니다. 그리고 어른들은 하루이틀 푹 쉬어야 회복이 되지만, 아이들은 한숨 푹 자고 일어나면 또 쌩쌩하게 움직이며 부지런히 돌아다닙니다. 이처럼 눈에 보이는 수치는 아니지만, 활동력이 강한 것을 기운이 강하다고 표현할 수 있습니다. 마치 새 배터리처럼 충전이 빨리 되고, 충전되면 오래 사용할 수 있는 원리와 비슷합니다.

이렇게 아이들은 기운이 강하고 체력이 쉽게 떨어지지 않고, 체력이 떨어져도 금세 회복합니다. 그런데 항상 축 처져 있고, 피곤해하면서 졸고, 뭘 해도 의욕이 없어 보이는 아이들이 있습니다. 왜 기운이 넘쳐야 할 아이들이 이런 모습을 보이는 걸까요?

체력 저하의 원인

늦게 자는 습관으로 체력이 약해진 경우

가장 먼저 살펴보아야 할 점은 늦게 자는 습관입니다. 초등학생만 되어도 11시가 넘어 자는 것을 당연하게 생각하고, 부모님도 별다른 제재를 하지 않습니다.

아이들의 회복 속도는 매우 빠릅니다. 낮에 활동을 많이 하고, 학원을 여러 곳 다녀도 일찍 자기만 하면 전날 피곤하고 힘들었어도 언제 그랬냐는 듯 아침에 일어나면 쌩쌩합니다. 하지만 많은 활동으로 쌓인 피곤을 충분히 회복할 만큼 수면시간이 뒷받침되지 않으면 아침에 일어나기 힘들어합니다. 당연히 밥맛이 없을 테니 밥 안 먹는다고 해서 부모님의 목소리는 커지고, 겨우 시간 맞춰 유치원이나 학교에 가기 바쁩니다.

일찍 자라고 했는데도 '아이가 잠을 안 자려고 해요.', '할 일이 많아 늦게 잘 수밖에 없어요.'라고 항변하는 부모님도 많습니다. 하지만 그 습관은 누가 길러주었을까요? 부모님이 늦게까지 TV를 켜놓거나 재미있는 놀거리가 많은 상황에서 아이만 들어가서 자라고 하지는 않았나요? 낮에는 놀다가 밤이 되어서야 부랴부랴 공부하느라 늦게 자는 것은 아니었을까요?

〈사운드 오브 뮤직〉이라는 영화가 있습니다. 명장면이 참 많은 영화지만, 그중에 다음 장면이 기억에 남습니다. 집에서 많은 사람들이 모여 파티를 즐기고 있습니다. 그런데 아이들이 잘 시간이 되니 1층 거실에서 7남매가 'So long, farewell' 노래를 부르며 각자 2층 자기 방으로 자러 갑니다. 7남매 중 누구 한 명 예외 없이, 당연히 늘 그래왔던 것처럼 말입니다. 지금 생각해보면 '집에 그렇게 많은 사람들이 있고, 파티 중이고, 떠들썩한데 아이들만 일찍 자러 간다고?'라는 말이 먼저 나옵니다.

지금의 부모님들이 어렸을 때는 지금처럼 늦게 자는 일이 별로 없었습니다. 해 떨어지면 아이들은 하나둘씩 저녁 먹으러 집에 들어갔고, TV에서 9시 뉴스가 시작되기 직전에는 어김없이 달에서 토끼가 방아를 찧는 화면과 함께 다음과 같은 멘트가 나왔습니다. "어린이 여러분 이제 잠자리에 들 시간입니다. 일찍 자고 일찍 일어나는 착한 어린이가 됩시다." 그러면 당연히 자러 가야 하는 줄 알았고, 취침시간은 늦어도 9시였습니다.

그런데 지금은 아이들이 놀거리, 할 거리가 너무 많습니다. TV, 다양한 영상 채널, 컴퓨터 게임, 유튜브, 스마트폰에 시간을 뺏깁니다. 그러다가 뒤늦게 밀린 학교 숙제나 학원 과제를 하다 보면 9시 전에 잠들기는 거의 불가능합니다.

아이는 노느라 바빠서 당시에는 피곤을 못 느끼지만, 다음날 아침에는 일어나기도 힘들어합니다. 부모님도 하루 일과를 정리해야 하는데 아이가 늦게 자니 부모님 취침시간도 늦어지게 됩니다.

활동량이 너무 많아 체력이 약해진 경우

그다음에는 아이의 활동이 너무 많은 경우가 있습니다. 요즘 아이들은 유치원이나 학교에 다녀온 후, 태권도나 수영 같은 운동, 영어 수학 학원, 악기나 미술 학원 등에 바쁘게 다닙니다. '우리 애는 학원 별로 안 다녀요~'라고 말씀하셔도 하루에 서너 개 학원은 기본입니다. 부모님이 아이들이 하는 활동과 학원 수업을 그대로 따라 해본다면 어떨까요? 하루도 안 되어 지쳐 쓰러질지 모릅니다. 아이들은 유치원이나 학교에 가서 가만히, 조용히 앉아 있다가 오는 것이 아닙니다. 배우는 과정 자체가 많은 집중력과 에너지가 필요한 일입니다. 더구나 아이들은 아주 짧은 시간과 틈만 생겨도 이야기하고 떠들고, 움직이고 뛰어다닙니다. 그렇게 짧게는 반나절 길게는 오후까지 학교나 유치원에서 지내고 오면 그걸로도 이미 체력이 충분히 소모된 상태입니다. 그렇게 하고 또 학원에 가서 집중해서 무언가를 배우고, 몸을 움직여 땀을 내고 집에 옵니다. 그 후에는 부모님이나 형제와 함께 활동하고 움직이면서 남은 시간을 보냅니다. 이렇게 하루를 보냈는데 힘들지 않을 수 있을까요? 부모님 욕심 때문에 내 아이의 체력 상태를 너무 과신하고 있는 것은 아닌지 되돌아볼 필요가 있습니다.

성장 발달이 활발한 시기여서 체력이 약해진 경우

아이들은 체력이 약해지기 쉽습니다. 성장하는 과정이기에 그렇습니다. 뼈가 굵어지고 길어져야 하고, 근육과 인대의 크기와 무게도 증가해야 하고, 오장육부 기관들도 커져야 하기에 엄청나게 많은 영양분과 에너지가 필요합니다. 이런 이유로 아이들은 체력이 약해지기 쉬운 상태입니다.

간혹 부모님들이 이런 말씀을 하십니다. '우리 애는 힘든 운동을 하지도 않고, 밤늦게까지 공부하는 일도 없고, 일찍 자고 늦게 일어나는데도 항상 피곤해하고 힘들어해요.'

이런 상황에서는 다음 두 가지를 생각해볼 수 있습니다. 이미 체력이 많이 약해져서 정상 컨디션으로 회복이 어려운 경우, 다른 하나는 성장이 활발한 시기여서 크느라 늘 피곤함을 느끼는 경우입니다. 이러한 상황을 고려하지 않는다면 부모님은 아이만 나무라고, 아이는 잘못한 것도 없이 혼나는 일이 생깁니다. 체력이 이미 바닥이라면 한약의 도움을 받으면 좋고, 성장하느라 피곤하다면 더 많이 재우고 활동량을 줄이면서 힘든 시기가 지나가기를 기다려야 합니다.

체력 저하로 면역력이 약해진다

체력이 저하되고 피로가 쌓이면 면역력이 약해진다는 사실은 누구나 상식으로 알고 있습니다. 바이러스나 세균 등의 감염질환에 취약해지고, 이미 앓고 있던 질환들은 악화됩니다. 내 몸이 힘들고 피곤해 죽겠는데 신체의 일부만 건강할 수는 없습니다. 그래서 아이들이 피곤할 때는 감기에 자주 걸리거나 걸려도 잘 낫지 않고, 피부의 두드러기나 발진, 입술 주변과 입 안에 바이러스성 포진 등이 심해지는 것을 보게 됩니다. 또한 수시로 세균성 질병에 걸리면서 항생제를 자주 복용해야 하는 상황이 생깁니다.

내 아이의 건강에 문제가 있다면 가장 먼저 체력 저하로 인한 문제점은 없는지 되돌아보세요. 앞서 설명한 세 가지 체력 저하 원인 중에 해당되는 것이 있는지 살펴보고, 문제가 되는 상황을 개선해나가면서 증상이 감소하는지, 아픈 곳이 줄어드는지 확인해보세요. 증상이 개선되고 변화를 보인다면 아이의 몸은 '피곤해요, 쉬고 싶어요, 자는 시간을 늘려주세요.'라고 이미 오래 전부터 신호를 보내고 있었던 것입니다.

체력이 약해질 수밖에 없는 환경은 그대로 둔 채 병의 증상만 치료하려고 병원에만 열심히 다니지는 않았는지 생각해보아야 합니다. 체력이 충분한 상태에서도 증상이 좋아지지 않는다면 그때는 면역력을 높이는 한약 처방이 큰 도움이 됩니다.

체력 저하와 소화기능

위장, 소장, 대장 등의 소화기관은 연동운동을 통해 음식을 소화시키고, 다음 소화기관으로 내려보냅니다. 그런데 체력이 약해지면 소화기관의 움직임도 약해집니다. 당연히 음식을 소화하는 데 걸리는 시간이 길어지고, 음식이 소화기관에 머무는 시간도 늘어나게 됩니다. 음식이 소화기관에 오래 머무르면 가스가 생기고, 속이 더부룩하며, 위와 장의 점막에 자극을 주어 배가 아프게 됩니다. 속이 불편하니 음식을 잘 먹기 어려워지고, 음식을 통한 영양분 흡수 능력이 떨어져 항상 기운이 없고, 키가 크지 않고 살이 찌지 않게 됩니다.

평소보다 잠을 많이 자게 하고, 활동량을 줄였더니 밥을 잘 먹고, 배가 아프다는 말이 줄어든다면 체력이 약해져 소화기관에 영향을 미쳤음을 알 수 있습니다. 체력이 충분해야 소화기관도 활발하게 움직일 수 있습니다.

체력 저하와 비염, 기침

코막힘, 콧물, 재채기, 가려움 등의 증상으로 병원에 가서 진찰받으면 증상에 따라 병명이 다른 비염을 진단받고, 약을 처방받아 복용합니다. 약으로 비염 증상을 줄이는 것도 필요하지만, 평소에 언제 비염이 심해지고 언제 덜해지는지 살펴봐야 합니다.

비염 부분에서 자세히 설명하겠지만, 어린이뿐만 아니라 성인도 피로가 쌓일 때, 체력이 떨어질 때 비염이 심해지는 경향이 있습니다. 추운 곳에 있지 않았는데도 코가 막히면서 콧물이 줄줄 흐르고 재채기가 유독 심하다면 아이의 컨디션에 문제는 없는지 관찰해보세요. 코 점막은 건강한데 비염 증상이 생겼다면 이 역시 체력이 떨어졌을 가능성이 큽니다.

또한 피로가 누적되면 편도와 인후가 붓고 충혈되는데, 이로 인해 목에 이물질이나 가래가 달라붙어 있는 느낌이 듭니다. 그래서 무의식적으로 기침을 하게 되는데, 이는 노인의 헛

기침처럼 감기가 아닌데도 목에서 생기는 잔기침을 하게 됩니다. 감기에 걸려서 나오는 탁한 가래 기침이 아닌 마른 잔기침을 계속 한다면 체력이 약해져 있음을 알려주는 신호로 파악해야 합니다.

체력 저하와 예민한 아이

어른과 달리 아이들은 스트레스나 잠을 못 잘 정도로 억울한 일 때문에 성격이 예민해질 일이 없습니다. 부모님과 심각한 갈등이 있거나 어린이집이나 유치원, 학교에서 큰일이 일어나지 않는 한 아이가 스트레스로 성격이 바뀔 정도의 일은 없습니다.

부모님 본인의 경우를 생각해보겠습니다. 하루종일 일이 많아서 피로가 쌓일 대로 쌓이고 지쳐있을 때 아이가 뭐 하나라도 잘못하는 행동이 보이면 목소리가 높아지고 짜증이 확 올라옵니다. 반대로 컨디션 좋고 피곤하지 않은 날에는 아이가 사고를 쳐도 별로 화 내지 않고 나긋나긋 부드럽게 이야기하게 됩니다.

아이들도 마찬가지입니다. 체력이 떨어져 있을 때 아이는 쉽게 짜증 내거나 고집을 피웁니다. 이러한 상황이 지속되면 아이가 예민해집니다. 아픈 곳이 없는데도 아이가 짜증을 많이 낸다고 느낀 적은 없나요? 작은 일에도 예민하다고 생각하지 않았나요? 아이의 성격 문제로 돌리지 마세요. 성격 때문이 아니라 부모님이 아이를 늦게 재우거나 피로가 누적되어 생긴 결과는 아닌지 생각해보아야 합니다.

체력 저하를 개선하려면

앞에서 설명한 체력 저하의 원인 세 가지를 먼저 구별해볼 필요가 있습니다.

자는 시간이 늦고 수면시간이 부족하다면 무엇보다 먼저 일찍 재우세요. 수면시간을 충분히 늘려 아침에 일어날 때 힘들어하지 않고 스스로 기분좋게 일어날 정도가 되어야 합니다. 이 정도로 잠자는 시간을 충분히 늘린 후 힘들어하는 모습이 없어지는지 살펴보세요.

11시 넘어서 잠들던 아이에게 갑자기 9시에 자라고 하면 반발할 수 있습니다. 하지만 아이와 대화를 통해 일찍 자야 하는 상황을 충분히 설명하고 매일 조금씩 자는 시간을 당기는 방법도 좋습니다.

자려고 누웠는데 잠들기까지 시간이 오래 걸린다면 더 일찍 누워야겠죠. 대신 숙면할 수 있는 환경이 될 수 있도록 조금 더 신경 써야 합니다. 9시에 자는 것이 목표라면 8시부터 집안 조명을 줄이거나 TV나 스마트폰, 컴퓨터 소리가 나지 않게 하는 등 여러 가지 방법을 찾아야 합니다.

잠을 충분히 자는데도 힘들어한다면 낮에 활동량이 너무 많지는 않은지 살펴보세요. 다른 아이들도 다 이 정도는 문제 없이 다닌다고 지나치지 마세요. 아이가 늘 피곤해하면 학원을 하나씩 줄여보고, 운동 배우는 시간이나 외부 활동량이 많다면 운동 횟수를 줄이거나 끊은 뒤에 힘들어하는 모습이 줄어드는지 관찰해보세요.

기본 체력이 좋은 아이라면 잠을 충분히 자고, 외부 활동을 줄이면 대체로 피곤한 상황이 개선됩니다. 그런데 일찍 재우고, 학원이나 외부 활동을 끊었는데도 아침에 잘 못 일어나고, 힘들어하는 모습이 역력하다면 성장 발달이 활발하게 진행되는 시기라서 그럴 수 있습니다. 아니면 체력이 이미 스스로 좋아질 수 없는 단계일 수도 있습니다. 이럴 때는 가만히 둔다고 체력이 좋아지기는 어렵습니다.

이러한 상황이라면 한의원에서 정확한 진찰을 받고, 체력을 보강하는 한약 처방을 받으시길 권합니다. 서양의학에서는 도움을 주기 어려운 부분입니다. 아이들은 어른처럼 스트레스받을 일이 없고, 밤새도록 작업할 일도 없으며, 술 담배도 접하지 않으므로 보약의 효과가 매우 빨리 나타납니다.

2장

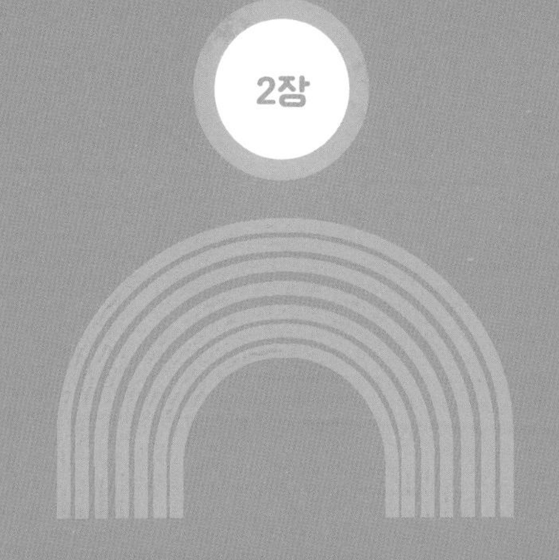

소화기능이 만병의 근원

소화기능 문제로 발생하는 증상들

아이가 일찍 자고 체력도 좋고 컨디션도 좋은데 자꾸 아프고, 병원에서 검사해도 별다른 이상이 없고, 약을 복용해도 그때뿐이어서 재발하고 잘 낫지 않는다면 소화기능이 정상인지 점검해야 합니다.

소화기능 문제라고 하면 당연히 체해서 배가 아프거나, 밥을 잘 먹지 않거나, 변비와 설사가 가장 먼저 떠오릅니다. 하지만 이러한 소화 관련 증상뿐만 아니라 다음과 같은 질환에도 소화기능이 원인은 아닌지 살펴야 합니다.

- 두통, 어지러움, 피부질환, 이유 없는 발열, 키와 몸무게가 늘지 않음.

뇌에 종양이나 뇌혈관에 문제가 생긴 게 아니라면, 어린이의 일시적인 두통이나 어지러움은 소화기능의 문제가 원인일 때가 많습니다.

아이들의 아토피, 두드러기나 발진, 거칠어진 피부, 가려움 등도 증상이 발현되는 곳은 피부이지만, 소화기관에서 충분한 영양분 흡수가 안 되고, 피부로 혈액순환이 안 되어 발생하는 사례가 많습니다. 물론 오염된 환경에 노출되거나 외부에서의 세균 감염으로 인한 경우에는 그에 맞는 치료가 필요합니다. 그렇지 않은데도 반복해서 재발하는 피부 문제는 소화기능을 먼저 확인해야 합니다.

갑자기 열이 나 병원에서 여러 검사를 했는데도 감기 증상이나 상기도 감염 증상이 없고, 독감이나 코로나 바이러스 같은 질병도 아니라면 소화 장애가 발열의 원인일 가능성이 매우 큽니다.

부모님은 키가 큰데, 아이는 키가 잘 자라지 않거나 살이 찌지 않는다면 소화기관에서 영양분의 흡수가 잘 안되기 때문일 때가 많습니다.

위 증상들이 소화기능과 어떤 연관이 있는지 차근차근 확인해보겠습니다.

밥을 잘 안 먹을 때

아이가 밥을 잘 먹지 않아 걱정인 부모님이 많습니다. 맛있는 음식을 하면 조금이라도 더 먹을까 해서 정성을 가득 담아 준비했는데, 밥을 안 먹는 아이를 보면 화가 나기도 합니다.

"한창 클 나이에는 쇠도 씹어 먹는다."는 옛말도 있는데, 왜 우리 아이는 밥을 잘 안 먹는 것일까요? 일부러 부모 말을 안 듣고 고집을 부리는 것인지, 정말 밥맛이 없어서 그런 것인지 부모님의 머릿속은 복잡하기만 합니다.

어르고 달래서 억지로 한 숟갈 입에 넣어주니 삼키지 않고 입에 계속 물고 있기만 합니다. 이렇게 한 입 먹고, 한참 있다가 한 입 먹고 하다 보면 밥 먹는 데 한 시간이 훌쩍 지나가기도 합니다. 밥 먹어라, 먹어라 잔소리하다가 그래도 안 먹으면 인내심이 한계에 도달한 부모님은 결국 목소리가 높아져 아이에게 화를 내고 집안 분위기가 험악해집니다. 하루 세 번 꼬박꼬박 돌아오는 식사시간에 아이가 밥을 잘 먹지 않는 집은 하루에 몇 번이고 전쟁 아닌 전쟁을 치를 수밖에 없습니다.

어떤 아이는 먹지 말라고 해도 잘 먹는데, 왜 우리 아이는 쫓아다니면서 먹이려 해도 잘 먹지 않고 밥 먹는 시간이 오래 걸리는 것일까요? 어떤 이유로 밥을 잘 먹지 않는 것일까요?

밥을 안 먹는 게 아니라 못 먹는 것

아이가 본인의 의지로 밥을 안 먹을 수 있습니다. 기분이 나빠 고집을 부리면서 먹지 않을 수도 있고, 뭔가 다른 일에 집중하느라 먹지 않을 수도 있습니다. 그런데 이런 경우 해당 상황이 사라지면 이내 잘 먹게 됩니다.

그런데 식욕부진(食慾不振)으로 인해 밥을 먹지 않는 경우는 본인의 의지로 안 먹는 것이 아닙니다. 식욕부진은 먹으려는 욕심이 생기지 않는다는 뜻입니다. 밥때가 훨씬 지났거나, 음식을 먹은 지 한참 지났는데도 배가 고프다는 말을 하지 않고 먹을 것을 줘도 잘 먹으려 하지 않는다면 '안 먹는 것이 아니라 못 먹는 것'입니다.

'안 먹는 것'과 '못 먹는 것'은 차이가 큽니다. 소화기능이 튼튼한 아이라면 식사시간이 조금만 지나도 배가 고프다면서 밥 달라고 조릅니다. 밥을 주면 알아서 잘 먹습니다. 아이의 소화기능이 활발하고 장의 연동운동이 좋다면 먹자마자 소화가 금방 되니 위장에서 먹을 것을 달라는 신호를 보냅니다. 자연히 아이는 많이 먹어도 돌아서면 또 배가 고파집니다.

반대로 소화기관의 움직임이 느리고 약하면 음식을 소화시키는 데 시간이 오래 걸립니다. 소화액 분비가 적고 위장에 음식이 오래 머물러 있기에 배고픔을 느끼지 못합니다. 게다가 밥을 잘 안 먹는 어린이는 대부분 활동량이 적고 움직이기 싫어합니다. 움직임이 적으니 에너지 소모도 적어서 더욱 음식을 필요로 하지 않습니다.

발목을 삐어 잘 못 걷는 사람에게 왜 빨리 안 걷느냐고 재촉하고 화를 내는 것은 말도 안 되는 상황입니다. 소화기능이 저하된 어린이에게 밥을 왜 안 먹느냐고 혼내는 것도 마찬가지입니다. 안 먹는게 아니라 못 먹는 것인데 말입니다. 이렇게 원인을 모르다 보면 부모와 아이의 관계만 나빠질 뿐입니다.

아이가 밥을 먹지 않는 것은 소화기관에 문제가 있어 못 먹는 것이지 본인이 일부러 먹지 않는 것이 아님을 반드시 기억해야 합니다.

그러면 밥을 안 먹는다고 아이를 혼낼 일도 없고 속상할 이유도 없습니다. '소화기능이 좋지 않아 못 먹는 것이구나.' 하고 아이를 이해하려고 노력하세요.

아이가 몸살감기에 걸리면 정성껏 돌봐주고 간호해주시죠?

마찬가지로 밥을 잘 먹지 않는 것은 소화기관에 문제가 있는 병에 걸린 것이므로 화내거나 야단치지 말고 치료 방법을 모색해야 합니다.

소화기관은 빨대와 같다

커다란 빨대가 있고 빨대 위에서 아래로 물을 흘려보내고 있다고 생각해보겠습니다. 그러다가 어느 순간 빨대의 가운데를 손가락으로 잡으면 통로가 좁아지고 막혀서 물이 아래로 내려가지 못하고 위로 역류합니다.

입에서부터 식도, 위장, 소장, 대장, 항문까지가 하나의 관입니다. 그런데 소화기관 중 일부 기관이 경직되어 있거나 움직임이 느리면 음식이 원활하게 다음 단계로 내려갈 수 없게 됩니다. 그러면 빨대 입구에 해당하는 입에서는 밥을 아래로 넘기지 못하게 됩니다. 이러한 상황이 우리 눈에는 아이가 밥을 삼키지 않고 그냥 입에 물고 있는 것처럼 보입니다.

그러니 아이에게 '왜 밥을 빨리 먹지 않니?' '빨리 꿀꺽 삼켜라~' '엄마가 해준 게 맛이 없어서 그러는 거니?' 등과 같은 잔소리를 참으세요. 억지로 먹이려 해도, 화를 내도 아이에게는 전혀 도움이 되지 않습니다. 본인이 그러고 싶어서 그러는 게 아니기 때문입니다.

밥을 본인의 의지로 안 먹는 것이 아니라 소화기능이 좋지 않아서 목구멍으로 넘기지 못하는 것임을 이해해야 합니다. 막혀있는 빨대 아래로 물이 내려가지 못하는 것과 같습니다. 아이가 밥을 잘 안 먹거나 밥을 입에 오래 머금고 있다면 '중간이 막힌 빨대' 이미지를 꼭 상상해야 합니다.

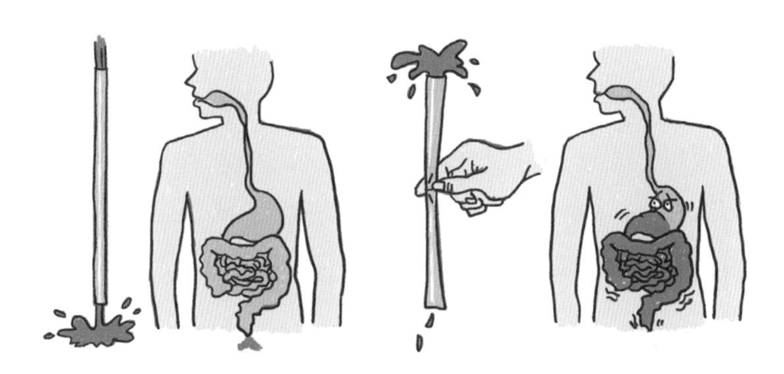

소화기관은 빨대입니다. 빨대의 가운데를 막으면 물이 아래로 흘러내리지 못하고 위로 넘치게 됩니다. 마찬가지로 위장 등의 소화기관에 문제가 생기면 음식물이 다음 단계로 넘어가지 못합니다. 당연히 아이는 밥을 잘 먹을 수 없습니다.

소화기능 저하의 원인 세 가지

건강은 타고난 아이인데 밥을 잘 먹지 않아 병원에 가면 보통 엑스레이 검사를 해보고, 배에 가스가 차서 그렇다거나 대변이 차서 그렇다는 이야기를 많이 듣습니다. 아이는 위 내시경 검사를 하기도 어렵고, 검사를 해도 문제가 있을 가능성이 매우 작기에 위 내시경 검사는 병원에서 권하지도 않습니다. 치료 방법이 따로 없다 보니 보통 유산균을 복용합니다. 부모님도 달리 방법을 찾지 못하고 건강기능식품에 눈을 돌리게 됩니다. 아이의 소화기능은 구조적인 문제를 찾지 못하면 해결 방법이 없는 서양의학의 한계가 드러나는 질환 중 하나입니다.

밥을 잘 먹지 않는 원인은 다음 세 가지로 분류해볼 수 있습니다.

- 첫째, 배에 있는 복직근이 과도하게 긴장된 경우.
- 둘째, 늑골이 이루는 복각(腹脚)이 좁아져 선천적으로 소화기능

을 약하게 타고난 경우.

- 셋째, 소화기능과 장의 연동운동이 저하되어 있는 경우.

이 세 가지 원인에 따라 증상이 따로따로 나타나기도 하고, 복합되어 드러나기도 합니다. 원인을 정확히 진찰해서 그에 맞게 한약 치료를 하는 것이 중요합니다.

각각의 원인에 대해 조금 더 살펴보겠습니다.

복직근이 긴장된 어린이

음식을 먹지 않은 상태로 누워서, 명치 밑부분부터 배꼽 주변과 하복부까지 힘을 주지 않고 배를 눌러 복진했을 때 부드러우면서 탄력성이 느껴져야 합니다. 그런데 배를 눌러보면 명치와 배꼽의 가운데 부분, 즉 위장 부분이 공처럼 볼록하게 튀어나와 있으면서 딱딱한 느낌인 때가 많습니다. 혹은 배꼽 주변의 근육이 막대기처럼 굳어있거나 배가 전체적으로 긴장되어 있는 양태가 보이기도 합니다.

소화기관은 연동운동을 하기 때문에 음식이 들어오면 커졌다가 음식이 다음 소화기관으로 넘어가면 작아집니다. 고무공과 같이 부드러우면서 탄력이 있어야 섭취한 음식이 제때 다음 소화기관으로 넘어갈 수 있습니다. 그런데 소화기관이 뻣뻣하게 굳어 움직이지 못하고, 소화기관의 윗부분을 덮고 있는 복직근이 긴장되어 있다면 음식을 다음 단계로 내려보내는 기능이 제대로 작동할 수 없게 됩니다. 따라서 배를 만져보고 진단했을 때 딱딱하게 긴장되어 있는 어린이는 밥을 먹으려 해도 잘 먹을 수 없습니다. 복직근 긴장의 정도가 순간적으로 심해질 때 배가 아프다는 말을 하고, 대장의 움직임이 경직되어 있으니 대변 상태도 정상이 아닐 것입니다.

복직근이 긴장되어 있어 소화기능이 저하된 것으로 진단되면, 복직근의 긴장을 완화시키고 경직된 소화기관을 부드럽게 해주는 치료를 먼저 해야 합니다. 한의학에서는 복직근의 긴장 때문에 생기는 식욕부진, 복통, 변비 등의 증상을 해결하는 데 뛰어난 효과가 있는 처방이 많이 있습니다.

복각이 좁고 내려온 어린이

진료실에서 배를 만져보는 복진(腹診)을 하다 보면 선천적으로 소화기능이 약하게 타고난 어린이를 보게 됩니다. 어떻게 알 수 있는지 궁금하실 겁니다.

사람 몸의 늑골은 흔히 명치라고 부르는 부위에서 갈라져 좌우 옆구리로 내려갑니다. 정상인 사람은 늑골 위치가 비교적 높고 벌어져 있기 때문에 위장, 소장, 대장 등의 소화기관이 비

복각이 정상인 어린이

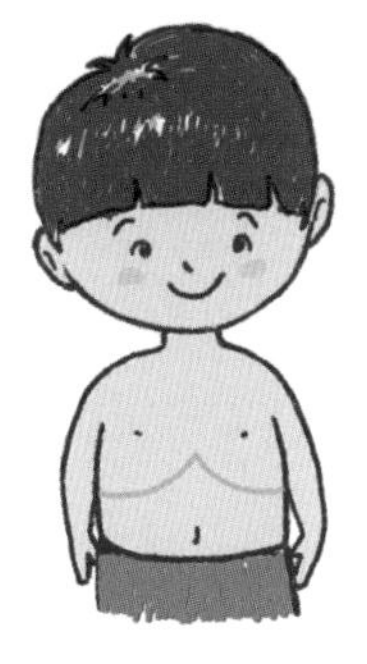

복각이 좁은 어린이

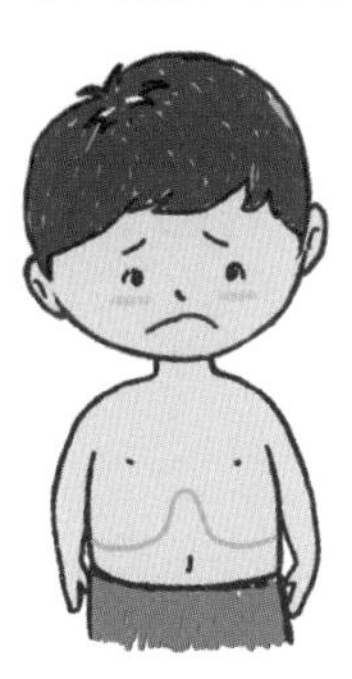

아이가 누웠을 때 늑골의 위치가 아래로 내려와 있는지, 늑골이 이루는 각도(복각)가 좁은지 확인해보세요. 복각이 좁고 아래로 내려와 있다면 선천적으로 소화기능이 약할 가능성이 큽니다.

교적 넓은 공간에 편안하게 자리 잡고 있으며, 연동운동이 활발합니다.

그런데 늑골이 이루는 복각이 좁고, 늑골 자체가 아래로 내려온 어린이가 있습니다. 이러면 복각이 정상인 사람보다 좁은 공간에 소화기관이 모여서 움직이게 되는데, 아무래도 움직임이 제한되거나 약해질 수밖에 없습니다. 넓은 운동장에서는 많은 아이들이 마음껏 뛰어놀 수 있지만, 좁은 방에서는 아이들이 옴짝달싹 못하는 것과 같은 이치입니다

복각이 좁은 아이들은 전반적으로 소화기관의 근육과 복직근이 긴장되어 있습니다. 움직일 수 있는 공간이 부족하니 이

완이 안 되고 경직된 상태입니다. 당연히 소화기능이 떨어지고, 또래에 비해 식사량이 적습니다.

이런 아이들은 평소에도 음식을 적게 먹거나 조심스럽게 먹을 것입니다. 이것이 습관이 되면 성인이 되어서도 자신의 소화기능이 선천적으로 약하다는 사실을 모를 수 있습니다. 그냥 자신의 식습관이라고만 생각합니다.

아이를 잠깐 편안하게 눕혀보세요. 배를 만져주고 마사지하면서 늑골이 이루는 각도가 좁은지, 늑골이 아래로 내려와 있는지 확인해보세요. 처음에는 정상인지 아닌지 알기 어렵습니다. 기회가 될 때마다 형제나 또래 어린이를 관찰하다 보면, 정상인지 비정상인지 정확하게 파악할 수 있게 됩니다.

만일 복각이 좁은 게 분명하다면, 태어날 때부터 소화기능이 약한 아이라고 보면 됩니다. 그러면 다른 아이와 똑같이 먹는데 왜 우리 아이만 쉽게 배탈이 나거나 체하는지 그 이유를 이해하게 됩니다. 그러면 다른 아이보다 식사량이 좀 적더라도 걱정하지 않고, 굳이 억지로 많이 먹이려고 애쓰지도 않게 됩니다. 오히려 소화 장애를 유발할 수 있는 음식은 되도록 먹이지 않으려고 노력할 것입니다. 복각이 좁고 내려온 아이는 적게 먹는 게 정상입니다.

선천적으로 소화기능이 약하다고 하면 '왜 이럴까?' 하고 괜히 고민만 할 수도 있습니다. 대체로 부모님 중에 한 분이 이런 체형이고, 부모님한테 물려받은 것이니 어쩔 수 없습니다. 사람마다 신체 부위 중 태어날 때부터 강한 곳이 있고 약한 곳이 있습니다. 아이는 소화기능을 약하게 타고났을 뿐입니다.

영양분 흡수가 잘 안되니 밥을 잘 먹지 않고 살이 잘 찌지 않는 게 부모님에게 걱정거리이긴 합니다. 하지만 달리 생각해보면 많이 먹어도 살이 잘 찌지 않는 체질이니 성인이 되어서는 비만으로 고민하는 사람들의 부러움을 살 수도 있습니다.

장의 연동운동이 저하되어 있는 경우

빵을 만들 때 반죽이 잘 되어야 맛있는 빵이 만들어집니다. 반죽이 잘 되도록 밀가루 반죽 덩어리를 열심히 주무르고, 때에 따라서는 두드리기도 하고 내려치기도 합니다.

음식을 소화하는 소화기관에서도 마찬가지입니다. 위장이나 소장, 대장에서는 연동운동이라는 주물럭거리는 움직임을 통해 음식을 소화하고, 영양분을 흡수하는 과정을 거칩니다. 그런데 이 주물럭거리는 힘이 부족할 때, 즉 장의 움직임이 약할 때 소화가 되기까지 시간이 오래 걸리게 됩니다. 이 상황에서는 배를 눌러보아도 딱딱하게 뭉치거나 긴장된 모습이 없고, 늑골이 이루는 복각이 좁거나 아래로 내려와 있지도 않습니다.

장이 활발하게 움직이지 못해 음식을 소화하는 시간이 오래 걸리면 당연히 밥을 잘 먹지 않고, 대변을 밀어주는 힘이 떨어져 변비가 생기기도 합니다. 영양분 흡수가 잘 안되어 항상 기운이 없거나 체력이 쉽게 떨어지는 모습을 보입니다.

구조에는 문제가 없는데 기능이 저하된 것을 한의학에서는 기운이 약해졌다고 하고 기허(氣虛)라고 표현합니다. 약해진 소화기관의 기운을 강화하여 움직임이 활발해지도록 도와주는 한약 처방이 많이 있습니다. 서양의학과 비교할 수 없을 정도로 훌륭한 효과를 볼 수 있습니다.

소화기능을 튼튼히 하는 생활습관

찬 음식을 피해야 합니다

현대사회에서는 어디를 가도 찬 음식이 많습니다. 식당에 가도 찬물을 먼저 주고, 밥을 먹고 나서도 찬 음료나 아이스크림을 먹는 것으로 식사를 마무리하곤 합니다. 집에서는 냉장고나 정수기에 찬물이 가득 있고, 과일도 차게 먹어야 맛있게 느껴집니다. 찬 음식을 쉽게 접하게 된 환경은 편리한 점도 있지만, 건강에는 나쁜 점도 있습니다.

추운 겨울에 집안에 있다가 밖에 나가면 우리 몸은 움츠러들고 뻣뻣한 긴장 상태가 됩니다. 다시 집안으로 들어오면 집안의 온기에 온몸이 이완되면서 굳었던 몸이 풀어집니다.

체온은 보통 36.5도이고 소화기관의 온도는 36.5도보다 더 높습니다. 그런데 여기에 섭씨 3~4도 정도인 찬물이나 영하 온도에 있던 아이스크림이 들어오면 어떨까요? 더운 여름 밖에서 운동한 후 땀이 뻘뻘 나는 상황인데 냉장고에 있던 물을 몸에 끼얹는 것과 같겠지요. 생각만 해도 온몸이 얼어붙는 듯한 느낌입니다. 실제로 그렇게 한다면 심장마비 위험도 있습니다.

소화기관은 연동운동을 통해 음식을 소화하고 흡수하는 과정을 거칩니다. 다른 오장육부(五臟六腑)도 마찬가지지만, 특히 소화기관은 따뜻해야 연동운동이 제 기능을 할 수 있습니다. 찬물에 닿으면 온몸이 얼어버리듯 위장도 소화기관도 얼어버린 것처럼 움직임이 정지되거나 느려집니다. 당연히 소화가 잘 안됩니다.

소화기능이 튼튼한 어린이는 찬 음식을 조금 먹더라도 워낙 움직임이 활발하기에 영향이 덜합니다. 하지만 소화기능이 약한 어린이는 안 그래도 위장의 움직임이 약하면서 느리고 때로는 긴장되어 있는데, 여기에 찬 음식이 들어오면 반드시 나쁜 영향을 미칩니다.

밥을 잘 먹지 않거나 소화기능이 약한 어린이라면 찬 음식은 무조건 피하세요. 아이스크림뿐만이 아닙니다. 물도 실온의 물을 마시게 하세요. 과일 역시 찬 기운이 없어진 뒤에 먹이세요. 일부러 따뜻한 물을 마시게 하는 것도 좋습니다. 배에 따뜻한 찜질을 하는 것도 도움이 됩니다. 찬 음식을 피해서 소화기능을 도와주는 것이 우리 아이가 밥을 잘 먹게 만드는 좋은 생활습관입니다.

식사시간 이외에는 음식 섭취를 피해야 합니다

밥을 잘 먹지 않는 어린이를 살펴보면 밥을 잘 먹는 어린이와 비교해볼 때 특이한 점이 있습니다. 밥을 잘 먹지 않는 대신 식사 중간에 주전부리, 간식, 군것질을 많이 하는 경향이 있습니다. 밥을 잘 안 먹으니 배가 고프겠다 싶어 안쓰러운 마음에 부모님은 자꾸 뭐라도 먹이려고 합니다. 그리고 밥은 잘 안 먹어도 먹을 것을 달라 하니 기쁜 마음에 아이가 원하는 음식을 어떻게 해서라도 먹이려고 애씁니다.

어른도 밥 먹기 전에 간식을 먹으면 정작 식사시간에는 밥 생각이 별로 없고 한두 숟갈 뜨다 맙니다. 아이도 마찬가지입니다. 더욱이 위장의 움직임이 약한 아이라면 어떻겠습니까? 그렇지 않아도 잘 안 먹는 아이가 간식까지 먹었으니, 당연히 밥 생각이 없겠지요. 그러고는 식사시간이 지나 아이의 위장이 비어있을 때쯤 다시 부모가 간식을 주면 조금 받아먹습니다. 밥상을 차려놓으면 안 먹고, 밥상을 치우면 그제야 군것질거리를 찾아 먹는 아이, 이렇게 악순환이 반복됩니다.

위장과 소장은 속이 비어있는 관입니다. 음식이 들어와서 움직였다가 음식을 다음 단계로 보내면 한동안 쉬어야 다음에 제 기능을 할 수 있습니다. 적은 양이라도 음식을 섭취하면 소화기관은 쉬지 못하고 소화를 위해 움직이고 소화액을 분비합니다.

안 그래도 소화기관에 기운이 없고 힘이 약해서 잘 움직이지 못하는데, 적은 양이라도 시도 때도 없이 음식이 들어오니 위장과 소화기관은 계속 움직이느라 많이 힘들어집니다.

따라서 밥을 잘 먹지 않는 어린이에게 식사시간 외에 따로 챙겨주는 음식이 있는지 살펴보고, 있다면 당장 부모님 마음이 아프더라도 딱 끊어야 합니다. '밥을 먹는 둥 마는 둥 했으니 얼마나 배가 고플까?' 하면서 아이에게 간식을 주면 절대 안 됩니다. 아이가 잘 먹는 간식거리나 군것질거리를 주고 싶다면 식사시간에 먹게 하세요. 중요한 것은 식사시간과 다음 식사시간 사이에는 위장을 완전히 비우는 습관입니다. 그래야만 조금씩이나마 소화기관이 제 기능을 회복할 수 있고, 치료 효과도 빠르게 나타날 수 있습니다.

밥을 잘 먹는데도 살찌지 않을 때

"공부를 열심히 하는데도 성적이 잘 나오지 않아요."라고 말하는 학생들을 주위에서 많이 봅니다. 오랜 시간 앉아서 공부했는데도 성적이 잘 나오지 않았다면 앉아 있는 시간 동안 제대로 집중하지 못했기 때문입니다. 딴 생각이나 딴짓으로 낭비한 시간이 많았겠지요. 당연히 학습 내용을 제대로 흡수하지도 소화해내지도 못합니다.

마찬가지로 밥을 잘 먹는데도 살이 찌지 않는다면 먹는 양의 문제가 아니라 먹는 만큼 소화기관에서 흡수하지 못해서입니다. 그런데도 아이가 못 먹어서 그런가 싶어 고기나 기름진 음식, 영양제, 홍삼, 건강기능식품 등을 더 열심히 먹이는 부모님들이 있습니다.

결코 적게 먹는 게 아닌데 살이 붙지 않거나 성장 발달이 또래에 비해 느린 것 같다고 느껴도 무언가를 더 먹이려 하지 마세요. 대신 위장의 움직임과 장의 연동운동을 활발하게 하여 음식 흡수하는 능력을 높이는 데 주안점을 두세요. 10개를 먹었다면 10개를 다 흡수해야 하는데, 그중 2~3개만을 흡수하고 있다면 2~3개를 먹은 것과 같은 결과를 보여줍니다. 종일 책상 앞에 앉아 있지만, 책에 집중하지 않고 딴 생각을 한다면 10분 집중해서 공부하는 것보다 성적이 못할 수 있는 것과 같은 이치입니다.

요즘은 주변에 먹을 것이 부족하지 않습니다. 그러니 지금은 먹은 음식을 어떻게 하면 잘 흡수할지, 어떻게 해야 효율을 더 높일지에 대한 고민이 더 필요합니다.

이 점에서 한의학은 매우 훌륭합니다. 소화기능이 과하게 항진되어 문제가 될 때 그 움직임을 느리게 만드는 한약도 있지만, 반대로 움직임이 느리거나 약해서 문제라면 그 기능을 향상하게 하는 한약도 있습니다. 두 약 모두 훌륭한 효과를 기대할 수 있습니다.

먹으면 좋은 음식, 나쁜 음식

아이가 안 아프고 건강하게 자랐으면 하는 마음에서 무엇을 먹이면 좋은지 많은 부모님이 물어봅니다. 영양제, 비타민제, 유산균, 프리바이오틱스, 홍삼 등 셀 수 없이 많은 건강기능식품이 부모님을 유혹합니다. 이런 것들을 먹여야 부모 노릇 제대로 하는 듯한 느낌이 들게 합니다.

무엇을 먹이면 좋은지 궁금해하기 전에 무엇을 먹이지 말아야 하는지에 대해 염려하는 게 먼저입니다. 추운 겨울에 창문은 다 열어놓은 채로 방을 어떻게 하면 따뜻하게 할 수 있는지 고민하고 애쓴다면 앞뒤가 바뀌었다고 생각할 것입니다. 창문을 닫고, 찬 공기가 들어오는 곳을 막은 다음에 집이 따뜻한지, 그래도 춥다면 보일러 온도를 높이거나, 실내 온도를 높이는 기구를 사용해야 합니다.

마찬가지로 건강에 나쁜 영향을 미치는 식습관이나 음식을 피한 후 그래도 부족한 부분이 있다면 건강기능식품이든, 병원 치료든 도움받는 것이 순서입니다. 건강하게 태어난 아이라면 나쁜 것을 피하기만 해도 건강하게 자랄 수 있습니다.

어린이의 건강과 성장은 소화기능이 가장 큰 역할을 한다고 말씀드렸습니다. 무엇을 먹이면 안 좋은지는 당연히 소화기능에 나쁜 영향을 미치는 음식과 약인데요. 앞에서 계속 이야기한 항생제와 찬 음식, 특히 아이스크림입니다.

세균 감염 질환이 아닌 경우에 복용하는 항생제는 장내 유익균을 파괴하여 소화기능과 면역력을 약화시킵니다. 그리고 아이스크림을 포함한 찬 음식은 속을 차게 하여 장내 유익균이 제 기능을 못하게 하면서 장 기능과 면역력을 떨어뜨립니다. 꼭 필요한 경우가 아니라면 항생제와 찬 음식 섭취를 줄이거나 피한 다음 어떤 좋은 음식을 먹일지 고민하기 바랍니다.

밥을 잘 못 먹는 어린이를 위한 한방 치료

소화기능이 안 좋아 밥을 잘 먹지 못할 때는 한약 처방이 참 좋습니다. 위장의 움직임을 강화시키고 장의 연동운동을 활발히 하는 데 아주 좋은 결과를 보여줍니다.

밥을 잘 먹지 않는다고 똑같은 처방을 하는 건 아닙니다. 소화기능의 움직임이 느리고 약한 경우인지, 소화기관의 근육과 복직근이 긴장되어 있는지, 늑골이 이루는 복각이 좁고 내려와 있는지, 대변은 잘 보고 있는지, 스트레스나 피로는 없는지, 타고난 에너지가 부족한지, 안색이 창백한지 아니면 누런 색을 띠는지, 어두우면서 누런색은 아닌지 등에 따라 처방의 방향과 약재가 달라집니다. 이렇게 많은 부분을 고려해야만 아이에게 맞는 하나의 처방이 완성됩니다.

그리고 하나 더, 부모님의 도움이 반드시 필요합니다. 찬 음식과 간식은 무조건 피해주세요. 안 그래도 약한 소화기관을 더욱 긴장하게 하고 힘들게 할 뿐입니다. 또한 평소보다 휴식

시간과 수면시간을 늘려주고 활동량은 줄여주세요. 옆에서 보기에 별로 힘든 일도 없고 활동량이 많지 않아도 본인은 힘들 수 있습니다. 내 몸은 힘들고 지쳐있는데 내 몸의 일부인 위장만 활발하게 움직일 수는 없습니다.

배가 자꾸 아프다고 할 때

복통의 다양한 원인

멀쩡하던 아이가 갑자기 배가 아프다고 하면 대다수 부모님은 어떻게 해야 할지 몰라 난감해합니다. 특히 나쁜 음식을 먹은 기억이 없을 때는 더욱 그렇습니다. 그냥 기다려봐야 할지, 아니면 병원에 가서 검사해봐야 할지 쉽게 판단이 서지 않습니다.

어린이가 배가 아픈 데에는 매우 다양한 원인이 있을 수 있습니다. 음식을 잘못 먹어 체해서 아플 수 있고, 변비로 인해 대변을 보지 못해 아플 수도 있습니다. 맹장염이나 장중첩증 혹은 급성 장염과 같은 급성 내과 질환도 원인 중 하나일 수 있습니다.

맹장염과 같은 급성 내과 질환이라면 복통이 매우 급격하면서 심한 통증을 호소합니다. 조금 아파하는 정도의 통증이 아닙니다. 감염성 질환이라면 열을 동반하기도 하고, 누가 봐도 그냥 가볍게 넘길 정도가 아닌 통증을 호소합니다. 이때는 병원에서 진찰과 검사를 통해 정확한 원인을 파악한 뒤 그에 맞는 치료를 진행하는 것이 바람직합니다. 급성 내과 질환으로 인한 복통은 병의 원인에 따른 치료가 마무리되면 다시 복통이 생기지 않습니다.

하지만 시도 때도 없이 배가 아프다가 금방 괜찮아지면서 무리 없이 일상생활을 한다면, 이것은 급성 원인이나 장 자체의 구조적인 문제가 아니므로 소화기관 및 장 기능 문제로 이해하고 접근해야 합니다. 이번 장에서는 병원에서 검사했는데도 이상이 없다고 진단받은 오래된 복통 증상에 대해 설명하겠습니다.

배 어디가 아픈지 찾아보자

아이가 복통으로 힘들어할 때는 가장 먼저 배 어느 부위가 아픈지 잘 관찰해보세요. 명치 밑과 배꼽 사이가 아프다고 하는지, 아니면 배꼽 주변이 아프다고 하는지 계속 확인하고 물어보세요. 윗부분이 아프다고 하면 위장 쪽 문제이고, 배꼽 주변이라고 하면 장 쪽 문제입니다. 여기저기 아프다고 한다면 둘 다 문제일 수 있습니다.

그다음은 아이가 언제 배가 아픈지 확인하세요. 배가 아픈 게 밥 먹기 전인지, 밥 먹은 후인지, 아니면 식사시간과는 아무 상관이 없는지 확인하세요. 또 피곤하거나 힘들 때는 아닌지, 스트레스받은 때는 아닌지, 찬 음식이나 좋지 않은 음식을 먹고 난 뒤는 아닌지, 우유나 유제품을 먹고 난 뒤인지 등 여러 상황을 되짚어보고 관찰하세요.

이렇게 배가 아픈 부위가 어딘지, 어떤 상황에서 배가 아픈지 정확하게 파악한 다음에 진찰받으면 더 쉽게 원인을 찾을 수 있습니다. 치료하면서 복통 유발하는 원인을 피할 수 있으니 회복이 훨씬 수월해지고, 재발 가능성도 줄어듭니다.

병원에서 모든 검사를 했는데도 복통의 정확한 원인이 무엇인지 알 수 없을 때는 다음 두 가지를 복통 유발의 원인으로 생각해볼 수 있습니다. 첫째, 복부 및 소화기관의 근육이 긴장된 경우이고, 둘째, 장의 연동운동 자체가 약한 경우입니다. 이것은 복진을 통해 복직근의 긴장 상태를 확인해보면 쉽게 알 수 있습니다. 또한 진맥과 얼굴색, 평소 식습관 등을 통해서도 파악할 수 있습니다.

복직근이 긴장돼 있다면 풀어주는 쪽의 처방을, 복직근이 이완돼 있고 장의 연동운동이 약하다면 소화기관과 장의 움직임을 활성화하는 처방을 하게 됩니다. 이렇게 원인을 제거해주면 복통이 쉽게 치료되며, 그로 인한 변비나 식욕부진 등의 증상도 같이 호전되는 것을 확인할 수 있습니다.

따뜻한 물을 조금씩 자주 마시면 좋다

어린이가 특별한 원인 없이 배가 자주 아프다고 하면 따뜻한 물을 자주 마시게 해주세요. 아침에 일어나자마자 마시게 하고, 밥 먹기 전과 밥 먹고 나서 따뜻한 물을 마시게 해주세요. 많이 마실 필요는 없습니다. 한두 모금도 괜찮습니다.

우리 몸은 밤에 자는 동안 움직임을 멈추고 휴식을 취하다가, 자고 일어나면서부터 조금씩 제 기능을 찾아갑니다. 자동차를 운전하기 전에 예열해주는 것과 자고 일어나서 기지개를 켜거나 몸을 뒤척거리다가 일어나는 것도 마찬가지 이유입니다.

소화기관 및 장은 자고 일어난 직후 그리고 아침밥을 먹기 전에는 움직임이 매우 약하거나 둔한 상태입니다. 이때 가벼운 복부 마사지나 따뜻한 물 한 잔이 속을 따뜻하고 편하게 하여 소화기관의 움직임에 부담을 줄여줍니다.

장이 튼튼한 어린이는 상관없겠지만, 좋지 않은 어린이는 아침에 일어나서 찬물을 마시거나 찬 우유를 마시면 장에 부담을 주어 배가 아프고 설사를 하게 됩니다. 변비에 도움이 된다고 아침에 찬 우유를 마시는 분들이 많은데, 장에 충격을 주어 대변을 강제로 나오게 하는 것일 뿐 장 운동 개선에는 결코 도움이 되지 않습니다. 오히려 장의 연동운동을 약하게 만들고, 장 내 유익한 균이 활동하지 못하게 할 뿐입니다.

따라서 따뜻한 물을 마심으로써 긴장되어 있는 복부 근육을 풀어주고 소화기관을 편안하게 하면 자연히 복통은 감소합니다. 따뜻한 물과 음식뿐 아니라 배에 해주는 따뜻한 찜질도 속을 덥히는 데 큰 도움이 됩니다. 다만 아이들이 자꾸 움직이려 해서 배에 찜질팩을 올려놓고 기다리기 쉽지 않다면, 밤에 자려고 누웠을 때나 TV 보면서 앉아 있을 때를 활용하세요. 뜨겁지 않은 찜질팩이 좋습니다.

우유나 유제품 섭취는 피해야 한다

동양인은 서양인에 비해 우유나 유제품을 분해하는 효소인 '락타아제'가 많이 부족합니다. '유당불내증(乳糖不耐症)'이라고 하는데, 연구기관에 따르면 동양인의 90퍼센트가 유당불내증이라고 합니다. 게다가 소화기능이 약하고 장이 좋지 않은 어린이는 우유를 분해하는 효소가 장 내에 거의 없거나 대부분 매우 부족합니다. 우유를 분해하고 소화할 수 있는 상황이 아닌데 유제품을 자꾸 섭취하면 당연히 배앓이를 하거나 설사를 하게 됩니다. 영양분 흡수도 제대로 될 리 없습니다.

요즘에는 거의 모든 초등학교에서 우유 급식을 하고 있습니다. 그런데 우유만 먹으면 배가 아프다면서 우유 먹기를 싫어하는 어린이가 꽤 많습니다. 흰 우유가 맛이 없어서 먹기 싫어하는 경우도 있지만, 우유만 먹으면 속이 편치 않고 배가 아프니 먹기 싫은 것입니다. 우유를 소화할 수 있는 효소가 소화기관에 없는데도 우유를 먹이는 것이 과연 옳을까요?

소화기능이 좋지 않은 어린이는 우유를 흡수하는 능력이 거의 없는 상태입니다. 그런데도 억지로 우유를 먹이면 복통을 유발하거나 악화할 뿐입니다. 또한 원인을 알 수 없는 알레르기 질환 등을 유발하며, 치료 효과가 떨어지거나 치료 과정이 정상적으로 진행되지 않을 수 있습니다. 그래서 우리 한의원에 내원한 어린이나 환자는 적어도 치료 기간만큼은 우유나 유제품 섭취를 반드시 피하도록 권하고 있습니다.

이 책 312쪽에 우유에 관해 조금 더 자세한 이야기를 담았으니 꼭 참고하기 바랍니다.

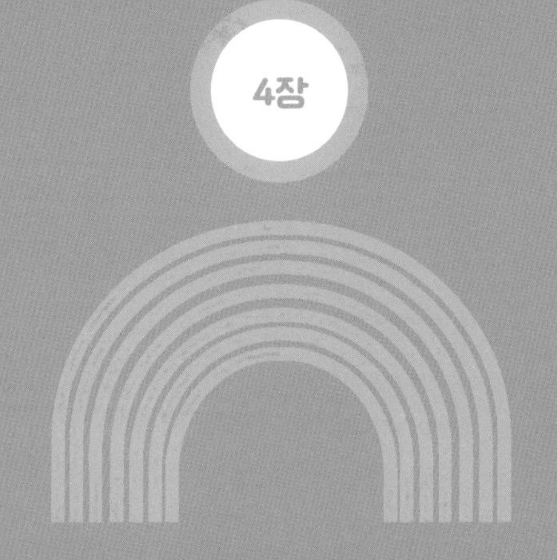

두통, 어지러움, 멀미를 호소할 때

머리 아프다는 것은 꾀병이 아니다

"엄마, 머리가 아프고 자꾸 어지러워요!" 아이의 이 한마디에 부모 가슴은 철렁 내려앉습니다. 웬만한 강심장 부모라도 불안감을 떨쳐내기 어렵습니다. 감기라면 조금 아프다가 시간이 지나면 괜찮아질 테지만, 머리가 아프다는 말은 상황이 전혀 다릅니다. 혹시라도 아이 몸에 큰 문제가 생긴 건 아닌지, 뇌에 이상은 없는 건지, 부모는 이래저래 걱정이 많아지게 됩니다.

그래서 얼른 종합병원을 찾아가 상담하고 권유에 따라 정밀검사까지 해봅니다. 그런데 정작 검사 결과는 아무런 이상이 없다고 나옵니다.

참으로 이상합니다. 아이는 계속 머리가 아프다고 이야기하는데 병원에서는 이상이 없다고 하고, 부모가 보기에도 일상생활에는 전혀 문제가 없습니다. 결국 부모는 아이가 꾀병을 부린다고 여기거나, 유치원이나 학교에 가기 싫어서 그런다고 오해하기도 합니다. 하지만 아이가 머리 아프다고 할 때는 꾀병이 아니라 진짜로 머리가 아픈 것이 맞습니다.

아이가 종종 두통과 어지럼증을 호소한다면 부랴부랴 병원을 찾지요? 그런데 병원에서 진찰받고 머리 부위를 정밀 촬영까지 해도 별 이상이 없다면, 일단 병의 원인은 머리가 아니라고 판단하고 다른 원인을 찾아야 합니다. 특히 어린이는 뇌혈관 문제로 두통이 생기는 것이라면 태어난 직후나 아기일 때 이미 부모가 문제를 인지했을 가능성이 큽니다. 성장 과정에서 문제가 없었다면 선천적인 뇌 이상일 확률은 거의 없습니다.

성인이라면 '머리가 아프다'는 증상만으로 뭐라 쉽게 단정 지을 수 없습니다. 고려해야 하는 변수와 찾아야 하는 원인이 매우 많기 때문입니다. 하지만 어린이 두통은 특이한 몇 가지를 제외하면 머리와 뇌 문제가 원인이 아닌 경우가 대부분입니다.

일반적이지 않은 두통

성인이 아닌 어린이는 '중풍', 즉 뇌혈관이 막히거나 터져서 두통이 생기는 일은 거의 없다고 봐야 합니다. 혹시라도 그러한 경우라면 두통 증상뿐만 아니라 의식이 없어지면서 말이 어눌해지고 한쪽 손발의 마비가 동반되므로 쉽게 구별할 수 있습니다. 이때는 바로 종합병원에 내원하여 뇌 사진을 찍어봐야 합니다. 성인은 뇌혈관 문제일 가능성이 언제든지 있지만, 어린이는 극히 드물고 진단 역시 쉬우므로 예외로 해도 무방합니다.

뇌에 생긴 종양으로 인해 두통이 발생하면 시력이나 청력이 떨어지고, 구토를 동반하거나 의식이 명확하지 않은 두통이 오래 지속되므로 일반 두통과 쉽게 구별할 수 있습니다.

또 다른 상황은 고열을 동반하면서 뒷목이 막대기처럼 뻣뻣해지고 구토와 함께 심한 두통을 호소할 때입니다. 이런 경우는 뇌수막염과 같은 머리 부위 문제일 가능성이 큽니다. 이

때는 증상이 심각해 병원에서 이미 진찰받고 치료 중일 것입니다.

아이가 자고 일어났는데 다른 증상은 전혀 없이 뒷목이나 뒷머리가 아프다고 호소할 때가 있습니다. 이런 경우는 밤새 좋지 않은 자세로 자는 바람에 목과 어깨 근육이 뭉치고 뒷머리 근육까지 긴장되면서 발생하는 두통입니다. 이때는 발열, 구토, 의식 혼미 등의 증상은 없고 시간이 지나면서 자연스럽게 두통이 사라집니다.

두통과 어지럼증도 소화기능이 문제

머리 아픈 것도 소화기능 문제라 하니, 눈이 휘둥그레질 수 있습니다. 하지만 서양의학에서 원인을 밝혀내지 못하는 두통과 어지럼증의 대부분은 소화기능과 연관이 있습니다.

서양의학에서는 두통의 원인은 머리에서, 어지럼증의 원인은 머리나 귀에서 찾으려고 합니다. 물론 원인이 머리나 귀에 있기도 하지만, 어린이에게는 매우 드뭅니다.

서양의학에서는 소화기능 문제로 머리가 아프거나 어지럼증이 발생하는 것에 대한 기전이 없습니다. 원인을 모르니 치료가 잘 안될 수밖에 없고, 결국에는 진통제를 처방하거나 신경정신과로 진료의 방향을 틀게 됩니다.

한의학에서는 담궐두통(痰厥頭痛), 담훈(痰暈)이라고 하여 소화기능 문제로 인한 두통이나 어지럼증을 분명히 밝혀 놓았습니다. 그래서 소화기능을 향상하게 하는 방향으로 치료를 진행합니다.

소화기능 문제로 생기는 두통의 특징

뇌에 이상이 없는 어린이의 만성 두통은 아픈 부위가 대체로 앞이마 부위 또는 눈썹이나 관자놀이 부분입니다. 간혹 속이 메슥거리거나 어지럼증을 동반합니다. 때에 따라서는 복통을 동반하기도 합니다. 소화가 안 되거나 좋지 않은 음식을 먹었을 때 유난히 심해지는 경향이 있습니다.

아이가 머리 아프다고 할 때는 그냥 지나치지 말고 매번 아픈 위치를 정확히 물어보세요. 만일 아이가 이마 앞부분이나 관자놀이를 가리킨다면 그다음에는 소화기능에 문제가 될 만한 일이 없었는지 확인해봐야 합니다. 머리가 아프다고 하기 직전에 어떤 음식을 먹었는지 돌아보세요. 찬 음식이나 기름진 음식, 밀가루 음식이 원인일 수 있습니다. 과식 때문일 수도 있습니다.

두통과 함께 배가 아프거나 속이 불편하다고 호소할 수도 있습니다. 보통 배가 아프기 전에 두통이 먼저 나타나기에 머리가 아파서 소화가 안 된다고 생각하는 분들이 많습니다. 배와 머리가 아픈 것이 비슷하거나 동시에 나타난다면 일단 소화기능 문제로 생각하세요.

나쁜 음식을 먹지 않았고 당장 속이 불편하지 않은데도 두통을 호소하는 경우도 있습니다. 소화기능이 약한 어린이가 피로가 쌓인 상태에서 체력까지 심하게 떨어지니 머리가 아픈 것입니다. 몸이 힘들어지면서 그렇지 않아도 좋지 않은 소화기능에 영향을 미치게 되어 두통을 유발하게 됩니다.

어린이가 머리가 아프다고 할 때는 평소 부모님이 잘 관찰해야 합니다. 아픈 부위가 어딘지, 아프기 직전에 무슨 일이 있었는지, 어떤 음식을 먹었는지, 피로하지는 않았는지 확인한 후에 진찰받으면 병의 원인을 파악하기 수월해지고 치료도 빨라집니다.

어지러움이 빈혈과 달팽이관의 문제일까?

자주 어지럽다고 하는 어린이를 보면 외모가 비슷합니다. 체형이 마르고 작으며 대체로 얼굴이 창백합니다. 손발이 찬 편이고, 밥을 잘 먹지 않으며, 배가 자주 아프다고 하고, 기운이 없습니다.

어린이가 어지럽다고 할 때 병원에서는 대부분 빈혈과 달팽이관이 문제라고 진단합니다. 혈액 검사를 통해 빈혈로 진단되면 철분제를 처방받아 복용하게 됩니다. 철분 부족으로 생긴 어지럼증이니 철분제를 복용하면 당연히 증세가 호전되는 게 맞겠지요. 그런데도 계속 어지럼증을 호소한다면 도대체 왜 그럴까요?

먹을 것이 부족했던 시절에는 영양분과 철분 부족으로 빈혈이 생기기 쉬웠습니다. 그래서 잘 먹고 종합비타민제와 철분제를 복용하면 빈혈로 인한 어지럼증이 많이 개선되었습니다. 하지만 지금은 먹을 것이 부족한 시절이 아닙니다. 아이가 먹으려고만 하면 음식을 배불리 먹을 수 있는 환경입니다.

그럼에도 어지럼증과 빈혈이 생긴다면 철분 섭취 부족 때문이 아니라, 아이의 소화기관이 섭취한 음식에서 철분 및 기타 영양분을 충분히 흡수하지 못하는 게 원인입니다. 이러면 허약한 어린이에게 보이는 여러 증상이 나타납니다. 빈혈이라고 해서 무조건 철분제 보충으로 대응할 것이 아니라, 소화기관의 흡수 능력을 개선하는 방향으로 치료해야 합니다.

어지럼증을 달팽이관 문제로 진단하는 것은 이렇게 살펴볼 필요가 있습니다. 어린이뿐만 아니라 성인들도 어지럼증 때문에 병원을 찾는 예가 많습니다. 보통 이비인후과로 가는데, 대부분 귓속 달팽이관이 문제라고 진단받습니다.

하지만 달팽이관 문제 때문에 생기는 어지럼증은 머리 위치와 움직임의 각도에 따라 증상이 급격히 증가하거나 감소해서 원인 파악이 쉽습니다. 그리고 어린이가 달팽이관에 문제가 생기는 예는 매우 드뭅니다.

아이가 어지럽다고 호소할 때 어떤 움직임을 보였는지 확인해보세요. 머리를 움직이는 각도에 따라, 특정한 자세에 따라 증상의 급격한 변동이 관찰되지 않는다면 달팽이관 문제는 잊으셔도 좋습니다. 머리 부위를 정밀 검사해도 이상이 없고, 달팽이관 문제도 아니라면 서양의학에서는 더 이상 해결책을 찾을 수 없습니다.

어지럼증은 허약함의 증거

평소에 자주 머리가 아프다고 호소하는 아이를 제대로 치료하지 못하면 증상이 계속 진행되어 어지럼증이 생기기도 합니다. 두통은 순간적이고 일시적으로 나타나는 경우가 많습니다. 순간 머리가 아팠다가 시간이 지나면 언제 아팠냐는 듯이 괜찮아지고, 그러다가 다시 아파합니다. 일시적인 소화기능 문제로 생긴 두통일 때 그렇습니다.

하지만 어지럼증은 소화기능이 일시적으로 좋지 않은 때가 아니라 만성적인 소화기능 장애가 있고, 이로 인해 혈액이나 기운이 뇌로 잘 전달되지 못할 때 나타납니다. 그래서 다른 어린이보다 유독 기운이 없고, 평소에 밥을 잘 먹지 않으며, 체격이 작고, 얼굴이 창백하거나 손발이 찬 경우가 많습니다.

허약해서 자기 몸 하나도 움직이기 버거운 아이가 있다고 가정해보겠습니다. 이 아이의 소화기능에 문제가 생겼거나 음식 소화를 위해 다른 곳에서 써야 할 에너지를 가지고 와야 하는 상황이라면 어떨까요? 당연히 체력이 떨어지고 성장 발달에 문제가 생깁니다. 그러다 보니 피로가 누적된 상태에서, 가끔 좋지 않은 음식을 먹었거나 소화기관에 부담을 주는 상태일 때 어지럼증이 생깁니다.

혈액순환이 원활하지 못해 충분한 혈액과 영양이 머리로 가지 않으면 어지럼증이나 두통이 생기고, 손발로 가지 않으면 손발이 차가워지며, 피부로 가지 않으면 피부가 거칠어지거나 알 수 없는 피부 문제를 유발합니다. 어지럽다는 말을 달고 사는 어린이는 이러한 여러 증상이 함께 나타날 가능성이 큽니다.

멀미는 소화기능 약한 아이의 특징

파도가 심하게 출렁이는 바다에서는 누구나 멀미를 합니다. 그런데 편안한 자동차를 타고 평평한 도로 위를 달리는데도 멀미하는 아이가 있습니다. 똑같은 상황에서 다른 아이들은 멀쩡한데 유독 한 아이만 심하게 멀미한다면, 어디가 아픈 걸까요?

어린이뿐만 아니라 어른 중에도 멀미를 자주 하는 사람이 있다면 한번 눈여겨 살펴보세요. 평소 비위가 약하다든가, 자주 체한다는 이야기를 했을 겁니다. 즉, 소화기능이 좋지 않은 사람이 주로 멀미를 합니다. 반대로 소화기능이 튼튼한 사람은 절대 멀미하지 않습니다. "저는 소화기능이 튼튼한데도 멀미한 적이 있는데요?" 이런 경우는 당시에 체했거나 좋지 않은 음식을 먹어 속이 불편한 상태에서 차에 탔을 가능성이 큽니다.

평소 어지럼증을 호소하는 어린이는 거의 대부분 멀미를 합니다. 가만히 있어도 어지러운데 차를 타면 더 어지러워지는 게 당연합니다. 멀미하면 토하고 싶은 느낌이 들거나 실제로 토하기도 합니다. 멀미 때문에 토하는 것이 아닙니다. 소화기능이 약하거나 소화 장애가 있어서 토하는 것이고, 그래서 멀미가 생기는 것입니다.

만일 멀미를 자주 하는 어린이라면 차 타기 전에는 가급적 아무 것도 먹지 않는 것이 좋습니다. 어쩔 수 없이 먹어야 한다면 소화 장애를 유발하지 않는 음식을 골라 먹어야 합니다. 그래야 멀미를 피하거나 증상을 줄일 수 있습니다. 또한 평소 위장과 소화기능을 튼튼히 하는 한약 처방을 통해 멀미를 유발하는 원인을 개선하는 것이 좋습니다.

멀미는 어지럼증의 다른 이름일 뿐 '같은 원인으로 인한 동일한 증상'입니다.

두통과 어지럼증의 한방 치료

서양의학은 어린이가 평소에 자주 호소하는 두통과 어지럼증의 원인을 정확히 짚어내지 못합니다. 이유는 앞에서 설명한 바와 같이 소화기능 문제로 생기는 두통과 어지럼증의 기전을 이해하지 못하기 때문입니다. 원인을 정확히 모르니 진통제나 신경안정제, 철분제 등과 같은 대증요법(병의 원인이 아니라 증세에 대해서만 실시하는 치료법)으로 치료할 수밖에 없습니다. 한마디로 치료법이 제한적입니다.

한의학에서는 소화기능 문제로 머리가 아픈 것은 '담궐두통(痰厥頭痛)', 어지러운 것은 '담훈(痰暈)'이라는 말로 명확하게 정의해놓았습니다. 한의학에서 담(痰)은 여러 가지 의미로 쓰이는데, 여기서는 소화기능 문제로 생기는 이상 증상을 통틀어 말합니다.

병원에서 머리와 뇌 부위를 정밀 검사했는데도 이상이 없다고 합니다. 하지만 한의학에서는 앞이마 부위의 반복적인 두통과 어지럼증의 원인은 소화기능 문제라고 분명히 밝혔습니다. 원인을 찾은 것입니다. 그래서 치료도 쉽습니다. 소화기능을 튼튼히 하면 됩니다. 특히 소장이나 대장보다 위장이 문제인 경우가 많습니다. 위장의 움직임을 활발하게 만들고, 음식을 소화하고 흡수하는 능력을 개선하면서 머리와 뇌로 공급되는 혈액순환을 원활하게 해주면, 어린이의 두통과 어지럼증은 개선됩니다. 상황과 증상에 따라 치료 기간의 차이는 있겠지만 치료 효과는 매우 좋습니다.

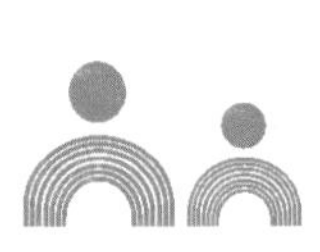

피부에 문제가 생겼을 때

어린이 피부병은 원인이 단순하다

건강한 아기의 피부는 뽀얗고, 부드럽고, 촉촉하고, 매끄럽습니다. 그랬던 아이가 자라면서 어떠한 이유에서인지 피부가 거칠어지고, 얼굴색은 누렇게 되며, 아토피 피부염 증상을 보일 때가 있습니다.

피부질환은 어린이뿐 아니라 성인도 쉽게 치료되는 사례가 많지 않습니다. 오랜 시간 반복해서 재발하는 일이 흔합니다. 조금 더 정확히 표현하면, 외부 세균 감염으로 인한 피부병은 양약으로 쉽게 낫지만, 세균 감염이 아닌 피부병은 잘 낫지 않습니다.

성인의 만성 피부병은 건강에 문제가 있고, 생활습관이나 식습관이 나빠서 생깁니다. 그래서 원인을 찾기 쉽지 않고 치료도 쉽지 않습니다.

하지만 어린이는 어른과 달리 건강하면서 몸이 깨끗한 상태입니다. 피부병이 생긴 지도 오래되지 않았을 것이고, 병의 원인도 체력과 소화기능, 식습관의 문제가 주를 이루므로 한의원에서 원인과 치료 방향을 잘 찾아내면 좋은 결과를 기대할 수 있습니다.

아토피 피부염에 대해

아토피 피부염으로 고생하는 어린이나 성인을 보면 옆에서 보기에도 안쓰럽습니다. 그나마 어른은 가려움을 참고 견딜 수 있지만, 어린이는 어른처럼 참지 못합니다. 가려움 때문에 잠도 못 자고, 자기도 모르게 긁어서 상처가 생기고 피가 나는 모습을 보면 부모님도 힘듭니다.

아토피 피부염은 어릴 때 시작되는 만성적인 염증성 피부질환이고, 가려움과 피부 건조, 습진 증상을 동반합니다. 2~3세 미만일 때는 피부의 넓은 부위에 증상이 생기지만, 그 이후부터는 점차 크면서 팔꿈치와 목, 사타구니, 무릎 뒤 등 피부가 접히는 부위에 주로 생깁니다. 오래되면 코끼리 피부처럼 두꺼워지고 진물이 나기도 합니다. 이를 '태선화'라고 부릅니다.

피부가 거칠고 가려우면 무조건 아토피일까?

먼저 아토피 피부염의 증상을 정확히 알아야 합니다. 아토피 피부염은 목, 팔꿈치, 손목, 무릎 뒤와 같이 살이 접히는 곳에 제일 먼저 증상이 나타나며, 특히 이 부위 증상이 가장 심합니다. 이 부위 증상 없이 넓은 부위의 피부가 단순히 거칠어지거나 부분적인 발진이 생긴다면 아토피를 의심하기보다 다른 문제 때문은 아닌지 살펴봐야 합니다. 그런데도 일부 병원에서는 단순히 피부가 거칠다고, 잘 낫지 않는 피부질환이라는 이유로 무조건 아토피 피부염으로 진단하는 경우가 많습니다.

간혹 신경 쓸 일이 있어 밤잠을 설치거나 체력이 떨어진 상태가 지속되면, "얼굴이 왜 그러니? 푸석푸석한 게 피부가 많이 안 좋아졌네?" 하는 말을 듣게 됩니다. 얼굴에 핏기가 없고 거친데다가 윤기가 흐르지 않는다는 말이겠지요. 그렇다고 얼굴에 비싼 로션이나 주름 방지 크림을 듬뿍 바르면 문제가 해결될까요? 그보다는 직접적인 원인을 찾아 해결해야 합니다.

잠이 부족했다면 밤에 충분히 잠을 자야 하고, 신경 쓸 일이 있었다면 스트레스를 피해야 하며, 일이 힘들었다면 활동량을 줄여야 피부가 정상으로 돌아옵니다.

아기 피부는 언제 만져도 부드럽고 매끄러우며 촉촉합니다. 그런 피부가 어느 순간 거칠어지고 건조해졌다면 무언가 문제가 있다는 뜻입니다. 그렇다고 무조건 아토피라고 진단하는 것은 잘못입니다. 아토피는 팔꿈치와 무릎, 목과 같이 살이 접히는 부위에 먼저 생기며 배와 등 같은 넓은 부위에는 잘 나타나지 않습니다. 하지만 거친 피부는 배와 등, 손과 같이 넓은 부위에 나타납니다. 가려워서 못 자는 일은 없습니다. 그러다 보니 '왜 우리 아이 피부는 거칠까?' 정도로 생각하면서 대수롭지 않게 여깁니다.

피부가 부드럽거나 매끄럽지 않고, 거칠거나 건조한 느낌이라면 피부에 영양 공급이 부족하고 혈액순환이 좋지 않은 것입니다. 식물의 잎은 윤기가 있고 매끄러워야 정상입니다. 그런데 갑자기 잎이 거칠어지고 얼룩덜룩하게 보인다고 잎에 문제가 생겼다고 생각하지 않습니다. 물을 적게 주었는지, 햇빛이 부족한지, 영양분이 모자라지 않은지 등을 살펴보게 됩니다. 피부도 마찬가지입니다.

어린이는 피부 문제를 일으키는 원인이 한정돼 있습니다. 어린이는 성인과 달리 지속적인 스트레스가 없습니다. 잠을 못 자는 일도 별로 없습니다. 심하게 뛰어노느라 피곤할 때는 있겠지만, 그것도 잠깐 며칠뿐입니다.

어린이 피부 문제는 대부분 소화기능에서 출발합니다. 소화기능이 약해져 영양분을 충분히 흡수하지 못하면 피부로 가야 할 영양분이 부족하게 됩니다. 영양분이 모자라니 피부가 거칠어지게 됩니다. 이 경우 소화기능을 튼튼히 하고 영양분 흡수 능력을 높이면 피부는 점차 아이 본연의 피부색과 윤기를 되찾아갑니다.

아토피의 한방 치료

아토피가 낫거나 호전된 어린이를 살펴보면, 좋아진 이유가 다양합니다. 대도시에 살다가 공기 좋은 시골로 이사 갔더니 나았다거나, 아파트에 살다가 목조주택으로 이사했더니 나았다고 하고, 인스턴트 음식을 피했더니 좋아졌다는 등 수많은 치료 사례를 접하게 됩니다. 그런 개개인의 경험과 체험이 모두에게 정답일 수는 없습니다. 앞서 말한 것처럼 아토피를 유발하거나 악화하는 원인을 찾아 제거했기에 호전되었을 것입니다. 원인 또한 어린이의 생활환경이나 식습관 등에 따라 제각각이었을 것입니다.

이렇게 다양한 원인이 복잡하게 얽히고설켜 있는데, 단 하나의 치료 비방이 존재할까요? '이 약만 한번 먹고 발라봐. 다 나을 거야!'라고 떠벌리는 돌팔이 약장수의 속임수일 뿐입니다. 아토피 피부염에는 '치료 효과 100퍼센트'라는 말이 적용되지 않습니다. 그런 광고는 거짓말이라고 생각해도 좋습니다.

병원에서 처방한 약을 복용하거나 발랐을 때 즉시 증상이 개선되는 것이 보인다면 스테로이드 성분이 들어간 약으로 봐도 무방합니다. 처방약의 이름을 인터넷으로 검색해봐도 금방 알 수 있습니다. 스테로이드제는 수많은 부작용과 위해성이 있는데, 그중에서도 약에 대한 의존성이 심각해진다는 점, 피부의 색소 침착과 더불어 피부의 태선화(코끼리 피부처럼 두꺼워지고 거칠어짐)가 진행된다는 점은 반드시 알아두어야 할 사항입니다. 가려움이 너무 심해서 밤에 잠을 못 자거나, 일상생활이 힘들 정도라면 스테로이드제의 도움을 잠깐씩 받는 정도로 생각하는 것이 좋습니다.

아토피를 개선하려면 먼저 그 유발 원인이 무엇인지부터 세심하게 살펴야 합니다. 약을 처방할 때도 환자와 충분히 대화해서 생활환경과 식생활에 문제는 없는지, 아토피 말고도 함께 치료해야 할 신체 다른 곳에 질병은 없는지 등을 모두 고려해야 합니다. 이렇게 처방하고 치료해도 아토피는 치료 효과가 금방 눈에 보이는 것이 아니기에 치료가 쉽지 않습니다.

하지만 환경을 개선하고, 이런저런 검사와 치료를 지속했는데도 아토피가 낫지 않고, 피부가 거칠거나 가렵고, 이유 없이 두드러기가 나면 소화기능 문제가 아닌지 살펴봐야 합니다.

한의학에서는 아토피뿐 아니라 어린이의 피부 문제는 대부분 소화기능 문제에서 출발한다고 봅니다. 좋지 않은 식습관이 있는지 살펴보고, 그다음 소화기능과 장의 연동운동이 약화되어 있는지, 복직근이 긴장되어 있는지 등 소화기관 상태를 파악합니다.

좋지 않은 음식을 먹어서 아토피가 심해지는 것이 분명하다면 식습관을 먼저 개선해야 합니다. 그리고 한약 처방과 침 치료를 통해 소화기관의 문제점을 하나씩 해결해나가면 피부는 점차 아이 본연의 피부색과 윤기를 되찾게 됩니다. 아토피 증상도 개선되는 효과를 함께 얻을 수 있습니다.

아이 몸에 생긴 발진과 두드러기

갑자기 몸에 발진과 두드러기가 생기고, 가려움 때문에 계속 긁고 있는 아이를 보면 부모는 아토피는 아닌지, 혹 나쁜 세균에 감염된 것은 아닌지 걱정됩니다.

이때는 명확한 외부 요인이 있는지 살펴봐야 합니다. 만일 물놀이 갔다 온 후 두드러기가 생겼다면, 분명 물이 원인입니다. 아이 몸을 깨끗이 씻어주면 피부 상태가 좋아집니다.

물놀이하거나 더러운 곳에 간 일이 없는데도 발진이나 두드러기가 갑자기 생겼다면, 음식을 의심해봐야 합니다. 증상이 나타나기 전에 무엇을 먹었는지, 좋지 않은 음식은 없었는지 찾아보세요. 한의학에서는 '식독(食毒)'이라고 하여 좋지 않은 음식 때문에 독이 피부에 퍼진 것으로 판단합니다.

처음 발진이 생겼을 때 근본적인 치료를 하지 않아 점차 만성으로 진행된 경우라면, 음식뿐 아니라 다른 부분까지 고려해봐야 합니다. 피부 자체의 기능이 저하된 건 아닌지, 피부의 면역력이 떨어진 건 아닌지 살펴본 다음 상태에 맞게 치료 방향을 정해야 합니다.

병원 피부과 등에서는 보통 알레르기 반응으로 보고, 항히스타민제와 스테로이드제 위주로 처방합니다. 약을 먹거나 바른 뒤에 증상이 빠르게 좋아지겠지만 잠깐 완화될 뿐이며, 반드시 증상이 재발하거나 심해집니다. 원인을 해결해주지 못했기 때문입니다.

한의학에서는 급작스런 발진의 원인을 음식 노폐물의 독소 작용으로 보고, 소화기능을 활발히 하면서 체내 나쁜 음식이 빨리 빠져나가게 도와주는 처방을 합니다. 이러면 치료 효과도 좋고 원인 해소가 되기에 증상이 재발하거나 만성으로 진행하는 일이 없습니다.

오래된 두드러기나 발진이라면 초기 식독이 잘 치료되지 않아 만성으로 진행됐을 수 있습니다. 또 하나는 거칠어진 피부 상태가 악화되고 피부 면역력이 약해져 원인불명의 두드러기나 발진이 지속되는 경우입니다. 모두 결국에는 소화기능 문제입니다. 만성 피부질환일수록 소화기능을 튼튼히 보강하면서 피부로 혈액이 잘 순환되도록 하는 방향으로 치료하면 좋은 효과를 볼 수 있습니다.

물사마귀가 자꾸 번질 때

물사마귀는 아이가 크면서 초등학교 고학년이 되기 전까지 많이 발생하며, 손과 발에 주로 생기고, 점점 번지는 특징이 있습니다. 원인이 음식에 있다면 갑작스런 발진이나 두드러기 양상으로 나타나고, 땀을 많이 흘려서 생긴 땀띠는 땀과 옷이 닿는 등과 목 부위에 나타나므로 물사마귀와 쉽게 구별할 수 있습니다.

물사마귀는 바이러스로 인한 질환이므로, 병원에서는 연고를 사용하고, 심해지면 냉동 치료나 레이저 치료를 하기도 합니다. 치료를 해서 금방 낫고 재발하지 않는다면 걱정할 일이 아닙니다. 그런데 물사마귀는 치료할 때는 잠깐 좋아지다가도 다시 재발하고, 어느새 다른 부위로 번지는 특성이 있습니다.

물사마귀를 유발하는 바이러스가 피부에 전혀 없다가 외부에서 전염되어 갑자기 발생한 것일까요? 그렇지 않습니다. 공기 중에나 피부에는 항상 어떤 종류의 바이러스든 서식하고 있습니다. 몸이 건강하고 면역력이 강할 때는 활동을 멈추고 숨어 있을 뿐입니다. 그러다가 면역력이 저하되면 '이제 내가 활동할 수 있는 환경이구나' 하면서 바이러스가 활개치는 것입니다.

자, 그럼 바이러스가 원인일까요? 아니면 면역력 저하가 원인일까요? 정답은 없습니다. 관점의 차이가 있을 뿐입니다.

서양의학은 세균과 바이러스가 원인이라고 생각하고, 이것을 '어떻게 하면 잘 퇴치할까?' '어떻게 하면 죽일 수 있을까?' 고민하면서 치료 방법을 찾습니다. 그리고 물사마귀를 항생제와 소염제로 억제하거나 레이저로 제거하는 치료를 병행합니다.

반면 한의학은 피로가 누적되고 면역력이 저하되어 바이러스가 활동하게 되었으니, 한약으로 체력을 보강하면서 면역력을 강화하는 치료를 합니다. 한방에서 어른 물사마귀는 치료가 쉽지 않지만, 어린이 물사마귀는 비교적 치료가 잘 되는 질환 중 하나입니다.

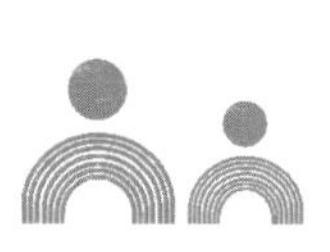

6장

키가 자라지 않을 때

부모님의 최대 관심사는 아이의 키

요즘 부모님들은 아이 '키'에 관심이 많습니다. 또래보다 키가 크고 쑥쑥 잘 자라고 있다면 무슨 걱정이 있겠습니까? 건강하기만 해도 감사하지요. 하지만 또래에 비해 작다면 신경 쓰이는 게 사실입니다. 부모님 키가 작은 편이라면 걱정이 더 커집니다. 아이 키가 클 수 있는 일은 무엇이든 다 해보려고 합니다.

만일 유전적인 문제로 키가 작다면 이것은 어떤 방법으로도 해결할 수 없습니다. 콩 심었는데 소나무처럼 자라게 할 수 없는 이치와 같습니다. 하지만 같은 콩을 심었다 하더라도 충분히 거름 주고 햇볕과 물을 적정하게 유지해준다면 다른 콩보다 더 잘 자라고 충실한 열매를 맺을 수 있습니다.

마찬가지로 우리 아이 키가 잘 자랄 수 있는 좋은 생활습관과 환경을 유지하면서 성장을 방해하는 요인을 찾아 해결해주는 것이 부모와 의사가 해야 할 일입니다.

키 크는 비법이 존재할까?

세간에 키가 클 수 있게 도와준다고 광고하는 호르몬 주사와 건강기능식품 등 검증되지 않은 여러 방법이 등장하고 있습니다. 지푸라기라도 잡고 싶은 부모에게는 혹할 만한 소식입니다. 하지만 그런 비법이 과연 있을까요? 아쉽게도 누구에게나 통용되는 치료 방법은 없습니다.

땅속에 심은 콩이 싹을 틔우려고 하는데, 하필 그 자리에 큼지막한 돌덩이가 있다면 싹은 땅 위로 올라오지 못합니다. 이때 돌덩이를 치워주면 땅 위로 올라와 쑥쑥 자랄 것입니다. 마찬가지로 키가 크는 것을 방해하는 생활습관이 있거나 성장을 방해하는 좋지 못한 건강 상태라면 그것을 먼저 찾아서 해결해주어야 합니다. 아이가 크게 자랄 수 있었는데도 원인을 찾지 못해서, 또 원인을 해결하지 못해서 충분히 크지 못했다면 참으로 안타까운 일입니다.

아이의 성장을 방해하는 요인은 많습니다. 그중 대표적인 몇 가지는 다음과 같습니다.

- 소화기능 문제와 편식, 찬 음식 섭취
- 밤 늦게 자는 습관
- 운동량 부족

이제부터, 하나씩 살펴보겠습니다.

키가 자라지 않는 가장 큰 이유

요새 어린이와 청소년의 평균 키와 체격은 과거보다 점점 커지고 있습니다. 불과 5, 60년 전 어린이였던 할머니 할아버지 세대보다 키가 월등히 커지고 몸무게도 많이 나가는 것이 사실입니다. 예전에는 먹을 것이 부족했기에 잘 자라지 못했지만, 지금은 먹을 것이 풍부하고 영양 공급이 충분하니 키가 클 수 있는 만큼 큽니다.

식물을 키울 때 비옥한 땅에서 키우는 것과 황폐한 땅에서 키우는 것은 식물의 키와 열매에서 큰 차이를 보입니다. 사람도 마찬가지입니다. 성장하는 데 필요한 영양분이 충분히 공급되어야 합니다. 그런데 먹을 것이 넘쳐나는 지금은 소화기관의 흡수 능력이 중요해졌습니다.

소화기능이 좋지 않은 어린이를 치료하여 치료가 잘 되었을 때 공통으로 나타나는 변화가 있습니다. 그것은 바로 얼굴색이 좋아지고, 몸무게가 늘고, 키가 많이 자란다는 것입니다. 달리 말하면, 그동안 소화기관에서 영양분 흡수가 제대로 이루어지지 않아 잘 성장하지 못했다는 의미가 됩니다.

편식하면 영양분이 충분히 공급되지 않습니다. 영양분이 부족해서 키가 자라지 않는 것이라서 특별한 치료 방법이 없습니다. 음식을 골고루 잘 먹으면 저절로 해결됩니다.

편식은 부모님의 잘못된 식생활 지도가 가장 큰 문제입니다. 인스턴트 음식에 길들여져 자극적인 음식만 찾는 어린이의 식습관은 부모님이 만든 결과입니다. 게다가 밖에서 뛰어노는 시간보다 실내에서 가만히 앉아있는 시간이 많다 보니 에너지 소비가 적습니다. 자연히 배가 고프지 않을 테고, 밥도 잘 안 먹겠지요.

편식하는 어린이 대부분은 소화기능이 좋지 않고 자기 입맛에 맞는 음식만 주로 먹습니다. 이 경우에는 반드시 소화기능의 상태를 같이 짚어줘야 하며, 문제가 있다면 치료를 통해 바로잡아야 합니다.

또한 찬 음식을 달고 사는 어린이일수록 소화기관의 움직임이 약하고 장의 연동운동이 좋지 않습니다. 찬 음식을 많이 먹어 속이 냉한 어린이는 밥을 잘 먹지 않으며, 설령 잘 먹더라도 실제 소화기관에서 흡수하는 영양분은 그리 많지 않습니다. 반면 차가운 몸을 덥히는 데 영양분과 에너지를 많이 소모하게 됩니다. 어린이 몸에 흡수된 영양분이 체온 유지에 많이 쓰이면 상대적으로 키가 자라는 데 필요한 영양분은 부족해집니다. 성장에 불리한 환경이 만들어지는 것이지요.

소화기능이 좋지 않다면 하루라도 빨리 소화기능이 튼튼해질 수 있도록 치료해주세요. 편식하는 습관이 있다면 계획을 세워 조금씩 고치게 하세요. 식단에 변화를 주어 성장에 필요한 영양소를 충분히 섭취할 수 있도록 도와주세요. 찬물과 아이스크림 등을 즐겨 먹는다면 반드시 줄이거나 피해야 합니다. 부모님은 아이 키가 좀 더 자랄 수만 있다면, 그 정도 노력은 얼마든지 할 수 있습니다.

숙면과 성장

요즘 어린이들은 무슨 할 일이 그렇게 많은지 잠자리에 드는 시간이 많이 늦어졌습니다. 공부하느라, 학원 다니느라, 스마트폰으로 영상 보느라, TV를 보거나 게임하느라 등등 여러 이유로 늦게 잡니다. 그런데 이런 습관이 성장에 매우 큰 영향을 미치고 있습니다.

키를 자라게 하는 성장 호르몬은 밤 11시부터 1시 사이에, 잠든 후 3시간 이후에 가장 활발하게 분비된다고 합니다. 따라서 늦어도 10시 이전에 잠을 자야 성장 호르몬 분비가 잘 될 것입니다.

한편, 성장 호르몬 분비는 언제 자는지보다 얼마나 깊게 자는지가 더 중요하다는 연구 결과도 있습니다. 아이가 숙면을 취하지 못하는 이유는 무엇일까요? 생각해보면 밤 늦게까지 TV 보거나 게임하면서 흥분한 상태이거나, 주변이 시끄럽거나 밝아서 깊이 잘 수 없는 환경이거나, 부모님에게 혼나거나 문제가 있어 기분이 나쁜 상태로 잠을 잘 때일 것입니다. 아이가 숙면을 취하지 못해 생기는 문제는 대부분 늦게 자는 습관 때문입니다.

'성장 호르몬은 밤에 분비된다.', '숙면이 성장 호르몬 분비를 촉진시킨다.' 두 논리 모두 편안하고 기분 좋은 상태로 일찍 자면 해결할 수 있는 문제입니다.

또한 늦게 자는 어린이는 대부분 활동량이 본인의 체력보다 많아 피로가 누적되어 있고, 몸이 피곤하니 소화기능 역시 느려지고 약해져 밥을 잘 먹지 않고, 먹은 음식으로 영양분을 흡수하는 능력이 약해집니다.

늦게 자는 습관은 성장 호르몬 분비를 방해하고, 숙면을 취하지 못하게 하며, 소화기능에도 나쁜 영향을 미칩니다. 아이 습관의 대부분은 아이 스스로 만들기보다 부모님의 지도에 따라 형성됩니다. 만일 키가 또래보다 작은데 밤 늦게까지 잠을 안 자고 있다면, 어떤 치료를 할지 고민하기 전에 당장 오늘부터 아이가 일찍 잠자리에 들고 푹 잘 수 있는 환경과 습관을 만들어주어야 합니다.

적절한 운동과 활동

실내에 놀거리가 많지 않았던 과거에는 밖에서 노는 것이 어린이가 하는 주요한 일과였습니다. 해가 질 무렵 저녁 먹으러 들어오라고 소리치는 엄마 목소리에, 더 놀고 싶은 마음을 뒤로 하고 집에 들어가서 저녁 먹고, 씻고 잠자리에 들었습니다. 하지만 지금은 공부 때문에 책상에 앉아있는 시간이 많고, 컴퓨터, TV, 스마트폰 등으로 하루 중 대부분의 시간을 실내에서 보냅니다. 운동은 학원에 가야 겨우 할 수 있는 시대입니다.

건강한 아이라면 넘쳐나는 기운을 소비해야 하기에 실내에 가만히 있기 어렵습니다. 그런데 움직이지 않고도 실내에서 할 수 있는 재미있는 놀거리가 많기 때문에 움직이지 않습니다.

규칙적이고 적절한 운동은 신체를 튼튼하게 해서 키가 자라도록 도와줍니다. 그렇다고 특정한 운동을 많이 한다고 본인이 클 수 있는 키보다 더 커진다는 근거는 없습니다. 하지만 어떤 운동이든지 열심히 뛰고 움직인다면 뼈와 성장판에 자극을 주고, 근육과 인대가 강해져 키가 클 수 있는 신체 조건이 됩니다. 또한 많이 움직였으니 배가 고프고, 밥 시간에 밥을 잘 먹게 되며, 밤에 잘 자게 됩니다. 이러한 선순환이 이루어지면 본인이 클 수 있는 타고난 키는 충분히 달성할 수 있게 됩니다.

왜 키를 자주 재야 할까?

정확한 키를 알기 위해서는 키 측정기가 있는 병원에서 재는 게 좋겠지만, 키를 재기 위해 병원에 자주 다니기는 쉽지 않습니다. 그런데 현재 키가 정확히 얼마인지 아는 것보다 지속적으로 키가 잘 자라고 있는지 아는 것이 더 중요합니다. 즉, 꾸준히 자주 측정하여 매년 같은 시기보다 얼마나 컸는지 확인하는 것이 더 필요합니다.

집에서 아이의 키를 측정하는 방법은 간단합니다. 아이를 집의 한쪽 벽에 기대서게 한 다음 키를 재고 표시해주세요. 표시된 부분의 변화를 통해 아이 키가 얼마나 컸는지 관찰할 수 있습니다. 중요한 것은 규칙적으로 측정하는 습관입니다. 예를 들어, 매주 일요일 아침에 일어나자마자 키를 재는 것입니다. 그러면 한 주마다, 한 달마다, 일 년마다 변화를 쉽게 확인할 수 있습니다.

만일 성장기 어린이가 1년에 대략 5센티미터 이상 자랐다면

키가 잘 자라고 있다고 볼 수 있습니다. 6개월에 2.5센티미터나 3센티미터 이상 자랐다면 이 역시 잘 자라고 있는 것이니 걱정하지 않아도 됩니다. 그런데 6개월 전이나 1년 전 키와 비교했을 때 위 수치보다 적다면 성장이 느려지는 현상이니 관심을 두어야 합니다.

키는 아침에 가장 크며 저녁으로 갈수록 작아집니다. 하루 동안 생활하면서 체중과 중력의 영향을 받기 때문입니다. 그래서 아침에 일어나자마자 키를 재는 것이 같은 조건으로 가장 정확한 키를 측정할 수 있는 방법입니다.

이렇게 키를 꾸준히 측정하다 보면 키가 잘 크는 시기와 잘 크지 않는 시기가 눈에 띕니다. 잘 크지 않는 시기는 대체로 건강에 이상이 있는 때입니다. 키가 덜 자라는 시기에는 아이의 건강 상태를 주의 깊게 살펴보면서 어떠한 문제가 있는지 찾아봐야 합니다. 일상생활에서 조절이 가능한 일이라면 부모님이 바로잡아주고, 치료가 필요하다고 판단되면 서둘러 한의원에서 진찰받는 것이 좋습니다.

성장 호르몬 주사 치료의 명암

주변에서 '성장 호르몬 주사를 맞아서 키가 컸다더라~' 하는 이야기를 듣고 그 말에 솔깃하지만 정말 도움이 되는 치료인지, 부작용은 없는지 고민을 거듭하는 부모님을 많이 만났습니다.

성장 호르몬 주사가 필요한 경우는 다음과 같습니다. 성장 호르몬 결핍증, 터너 증후군, 만성신부전 등으로 성장 호르몬이 정상적으로 분비되지 않는 경우입니다. 우리 아이가 아기 때 이러한 질병을 진단받지 않았고, 성장 호르몬이 부족하지 않다면 성장 호르몬 주사 치료는 효과가 없습니다.

성장 호르몬이 부족한 경우는 이미 아이에게 문제가 있었고 부모님도 그 상황을 알고 있을 수밖에 없는 때입니다. 그렇지 않다면 단순한 걱정과 두려움에 위험을 감수하면서 효과가 전혀 입증되지 않은 고가의 치료를 받을 필요가 있는지 곰곰이 생각해보아야 합니다. 이것은 누구의 권유에 휘둘리면 안 되는 부모님의 선택사항입니다.

그런 일로 고민할 시간에 차라리 더 일찍 자게 하고, 편식하는 습관을 바꾸며, 소화기능에 문제가 있다면 적절한 치료를 받고, 규칙적으로 운동하게 하는 것이 아이의 성장을 제대로 도와주는 방법입니다.

무릎과 발목 통증이 성장통일까?

아이를 키우다 보면 시도 때도 없이 무릎이나 발목이 아프다고 하는 시기가 있습니다. 이때 부모님들은 아이가 다친 것인지, 아니면 크려고 아픈 것인지 구별하기 어렵다고 합니다. 간단히 구별하는 방법을 알려드리겠습니다.

먼저 아이가 언제 아프다고 하는지 살펴보세요. 걷거나 뛸 때 아프다고 한다면, 놀다가 다쳤거나 외부에서 무리한 힘이 가해져 근육과 인대에 문제가 생긴 것입니다. 이때는 체중이 실리고 힘이 가해질 때만 아프다고 합니다.

쉬면서 가만히 있거나 밤에 잘 때 아프다고 한다면 둘 중 하나입니다. 체력이 소진될 정도로 너무 심하게 놀았거나, 성장통입니다. 하루 종일 신나게 뛰어놀고 들어온 아이가 아프다고 하면 다리를 주물러주거나 따뜻하게 찜질해주면 대부분 통증이 감소합니다. 피곤할 만한 일도 별로 없고 심하게 뛰어놀지도 않았는데 아프다고 호소한다면 성장통일 가능성이 큽니다.

성장통은 주로 체력이 저하되고 피로가 누적되었을 때 아프다고 하거나 심해지는 경향이 있습니다. 이러한 경우에도 주물러주면서 지압해주고 따뜻하게 찜질해주면 좋습니다. 그래도 통증이 지속되면 가까운 한의원을 찾아 침과 한약으로 치료해주세요. 성장통으로 인한 불편함을 줄이는 동시에 성장에도 도움이 됩니다.

성장에 도움을 주는 한방 치료

한의학이라고 해서 키 자체를 키우는 특별한 처방과 치료법이 있는 것은 아닙니다. 다만, 성장 호르몬 결핍에 해당하는 질병이 없음에도 키가 잘 자라지 않을 경우 도움을 줄 수 있습니다.

예를 들어, 소화기능이 좋지 않아 영양분 흡수가 부족한 것이 원인이라면 소화기능을 향상하게 하는 처방을 하고, 기운이 약하고 체력이 저하되어 있다면 기운을 보강하는 방향으로 치료를 할 것이며, 신체 장부(臟腑) 중 좋지 않은 부분이 있다면 거기에 도움을 주는 치료를 합니다.

어린이들이 학교에서 강낭콩을 화분에 심었습니다. 어떤 어린이는 햇볕이 잘 드는 곳에 화분을 두고 물도 잘 주었지만, 어떤 어린이는 그늘에 내버려두고 물도 주지 않았습니다. 당연히 후자의 경우 강낭콩이 잘 자라지 않았겠지요. 늦었지만 지금이라도 화분을 햇볕이 잘 드는 곳으로 옮기고 물을 주면 잘 자랍니다.

한의학에서 바라보는 성장 치료도 이와 같습니다. 또래보다 성장이 느린 원인이 무엇인지 파악하고, 그에 관한 치료를 진행하여 본래 클 수 있는 만큼 키가 크도록 도와줍니다.

키를 자라게 하는 비방이나 약은 없습니다. 주위에서 "무엇을 먹이면 키 크는 데 좋다더라." 해도 그냥 한 귀로 흘려버리세요. 키가 안 크는 원인을 파악할 수 있는 한의사의 안목과 진단 능력 그리고 그에 따른 정확한 처방이 가장 바람직한 치료법입니다.

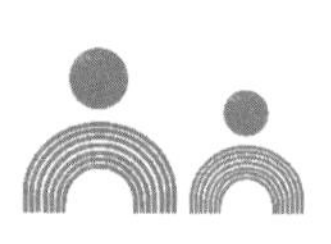

7장

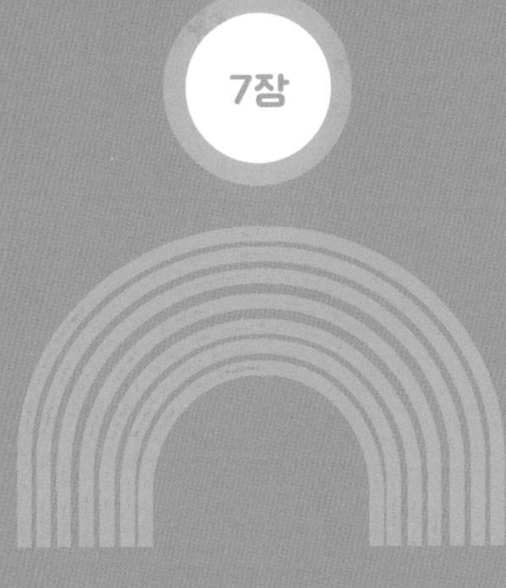

열이 날 때

아이 발열은 소화 장애를 가장 먼저 생각하자

아이가 갑자기 열나면 참 당황스럽습니다. 게다가 한밤중 발열은 응급실에라도 빨리 데려가야 하는 건지 걱정이 태산입니다.

어린이가 열나는 이유는 다양합니다. 그런데 병원에 가서 상기도 상태를 확인하고, 독감 검사를 해도 별다른 병명이 나오지 않은 채 고열이 지속되고, 해열제를 복용하면 잠깐 떨어지지만 다시 올라가는 경우가 많습니다.

건강했던 어린이가 열나기 시작한 초기에 바로 내원했을 때 진찰해보면, 감기에 걸렸거나 목이 부어서 열이 있기보다는 소화 장애 또는 배탈로 인한 발열의 예가 월등히 많았습니다. 춥게 지내거나 추운 상황에 있었던 일이 없었고, 특별한 진단이 나오지 않는다면 아이들이 열나는 것은 일단 소화기관에 문제가 있다고 생각하고 접근해야 합니다.

서양의학에서는 어린이의 발열과 식적(食積), 즉 소화 장애와의 연관성을 전혀 이해하지 못하고 있습니다. 열이 내리지 않아 종합병원까지 전전하면서 온갖 검사를 다 해도 내려가지 않는 발열도 초기에 식적이 원인임을 이해하지 못하고, 단순히 해열제로만 열을 내리려 하는 사례가 많습니다. 발열의 원인이 되는 소화기능 문제를 해결하지 못한 채 소화기관에 부담이 되는 항생제와 양약만 아이 몸에 쏟아부으니 열이 잠깐 내려가다가 다시 오를 뿐 아이 병은 깊어집니다.

한의학에서는 이 문제를 다음과 같이 간단명료하게 정리해 놓았습니다.

- 식적류상한(食積類傷寒) : 증상은 감기와 비슷하지만 원인이 식적, 즉 소화 장애인 경우.
- 식적발열(食積發熱) : 소화 장애로 인해 생기는 발열.

이제부터는 감기와 비슷하게 열이 나지만 실제 원인은 소화 장애가 원인이라는 관점에서 살펴보겠습니다.

소화 장애로 인한 발열의 특징

아이가 열날 때 일단 병의 원인이 소화 장애, 즉 식적일 수 있다고 생각하고 아프기 직전 무슨 음식을 먹었는지, 음식 먹을 때 어떤 상황이었는지 살펴보면 발열의 원인을 파악하는 데 큰 도움이 됩니다.

소화 장애로 인한 발열은 다음과 같은 특징을 보입니다.

첫째, 열나기 직전 혹은 열나기 시작한 초기에 배가 아프다고 합니다. 배가 아프다고 할 때 어디가 아픈지 물어보고 확인해보세요. 아이가 명치와 배꼽의 중간 부근이 아프다고 하면 위장 쪽 문제이고, 바로 직전에 먹은 음식이 문제가 되었을 가능성이 큽니다. 배꼽 주변이 아프다고 하면 음식도 문제지만 찬 음식을 먹었거나 피로한 상황 등이 동반되었을 수 있습니다. 배를 만져보면 '꾸르륵' 하는 물소리가 들리거나 위장 부위가 딱딱한 공처럼 부어있고 긴장되어 있는 것을 확인할 수 있습니다.

둘째, 머리가 아프거나 어지럽다고 합니다.

머리가 아프다고 호소할 때 어디가 아픈지 물어보면 앞이마에서 눈썹이 끝나는 쪽을 가리키며 아프다고 합니다. 혹은 속이 메슥거리거나 어지럽다고도 합니다. 한의학에서는 소화기능을 담당하는 경락(經絡)이 지나가는 부위이기도 하고, 소화가 안 돼 생긴 담음(痰飮)이 머리로 올라가기 때문이라고 설명합니다. 체내 혈액과 에너지가 소화기관으로 급격히 몰리고, 머리로 흐르는 혈액이 감소하면서 생기는 증상으로 이해하면 좋습니다.

셋째, 콧물과 기침이 없고 목소리가 잠기지 않습니다.

찬 공기로 인한 감기 증상은 열이 오르기 전부터 코맹맹이 소리와 함께 코막힘, 콧물, 오한, 관절의 욱신거림 등이 나타납니다. 하지만 소화 장애로 인한 발열의 경우 이 증상들이 보이지 않습니다. 물론 이미 감기에 걸렸던 아이라면 열나기 전부터 콧물과 기침이 있었겠지요. 열나기 전에는 건강했고 감기도 안 걸린 상태라면 처음 열날 때는 콧물과 기침, 코맹맹이 소리가 없다가 열이 오르고 난 뒤 한참 지나 콧물과 기침이 뒤따라 옵니다.

넷째, 해열제를 먹어도 잠깐 열이 떨어졌다가 다시 오르는 상황이 반복됩니다.

감기에 걸리든 소화 장애가 발생하든 열이 날 때는 해열제를 먹여도 열이 떨어졌다가 다시 오릅니다. 감기로 인한 열은 2~3일이 지나 감기가 물러가면서 열도 떨어집니다. 하지만 소화 장애로 인한 열은 2~3일이 지나도 소화기관 문제가 해결되지 않는 한 계속 올랐다 내렸다를 반복합니다.

다섯째, 병원에서 여러 가지 검사를 해도 발열의 원인이 발견되지 않습니다.

열나기 시작한 지 며칠이 지났는데도, 해열제를 계속 먹었는데도 아이 열이 떨어지지 않으면 독감 검사부터 시작해서 이런 저런 검사를 하게 되고, 원인을 못 찾아 종합병원까지 가게 됩니다. 그런데 열이 날 수 있는 가능성을 모두 열어두고 갖가지 검사를 해도 별다른 원인을 찾지 못하는 경우가 많습니다. 힘들어하는 아이를 차디찬 검사대에 눕혀 사진 촬영을 하고 채혈을 통해 혈액검사를 해도 열나는 이유를 잘 모릅니다. 만일 '특별한 원인이 없다'라고 한다면 식적, 즉 소화기관의 문제일 수 있음을 가장 먼저 고려해야 합니다. 원인 해결이 안 되니 열이 떨어지지 않는 것입니다.

감기로 인한 열과 소화 장애로 인한 열의 차이점

감기라면 열나기 전 추위에 노출되었거나 주변에 감기 걸렸던 사람이 있었을 것이고, 오한, 콧물, 기침과 더불어 목소리가 잠기거나 쉰 목소리로 변합니다. 두통을 잠깐 호소하기도 하지만 열이 오르는 초기에 잠깐 나타났다가 사라지고, 구토나 설사 증상은 보이지 않습니다.

소화 장애라면 특별히 추운 환경에 노출된 일이 없었을 것입니다. 열이 심하게 오르는데도 인후와 편도를 관찰해보면 부어 있거나 충혈된 모습이 전혀 없습니다. 열이 오를 때에는 이마와 손발, 귀가 모두 따뜻할 수 있지만 열이 어느 정도 오른 뒤에는 귀와 손발이 찹니다. 콧물과 기침이 초기에는 없습니다. 열이 난 후 시간이 좀 지나면 콧물과 기침이 뒤따라오는데, 이 증상은 열이 나면서 생기는 반응으로 이해하면 됩니다.

앞이마와 눈썹 주변의 두통을 지속적으로 호소하며, 어느 정도 시간이 지난 뒤에는 구토나 설사를 하거나 묽은 변을 봅니다. 중요한 것은 구토나 설사를 한 뒤에 증상이 급격히 줄어든다는 점입니다. 대변을 보았는데 평소와 같은 정상적인 대변이었다면 예전에 먹은 음식이 소화되어 생긴 대변입니다. 식적 증상을 유발한 음식이 아직 장을 거쳐 대변으로 나오지 않았으므로 아이가 묽은 변이나 좋지 않은 모양의 대변을 보는지 반드시 확인해야 합니다.

감기로 인한 열과 소화 장애로 인한 열의 차이점

	감기로 인한 열	소화 장애로 인한 열
추위 노출	있었다	없었다
오한	있다	없거나 잠깐 있다
목소리	잠기고 쉰 목소리	정상적인 목소리
목	아프다	아프지 않다
팔다리	아프다	아프지 않다
콧물과 코막힘	있다	없다
두통 혹은 어지럼증	없다	있다
구토나 설사	없다	있다
호전	열나고 땀난 뒤에 열이 내린다	구토나 설사 뒤에 열이 내린다

토하거나 설사하면 열이 내리는 이유

소화가 잘 되지 않은 음식은 몸속에 오래 머물러 있는 것보다 빨리 몸밖으로 빠져나오는 것이 좋습니다. 그래서 인체는 구토와 설사를 통해 음식을 빨리 내보내려고 노력합니다. 한의학에서는 '토법(吐法)' 혹은 '하법(下法)'이라고 하여 일부러 토하게 하거나 설사하게 하는 방법으로 위장관 안에 머물러 있는 나쁜 음식을 빨리 빼내는 치료법을 쓰기도 합니다. 겉으로 나타나는 증상이 발열이든, 두통이든, 복통이든, 소화 장애(식적)가 원인이라면 토하거나 설사한 뒤에 증상이 급격히 사라지면서 안정을 취하게 됩니다.

그런데 구토나 설사를 한다고 구토억제제, 지사제를 처방하면 어떻게 될까요? 배가 아프다고 진통제를 복용하면 어떻게 될까요? 구토나 설사는 잠깐 멈추겠지만 병의 원인을 해결하는 데는 전혀 도움이 되지 않습니다. 소화기능이 활발해지도록 조치해야 하는 상황에서 오히려 소화기능을 더 떨어뜨릴 뿐입니다. 따라서 정확한 원인을 파악하지 않은 채 구토와 설사 억제약을 복용하는 것은 병을 더 악화시킬 수 있는 위험한 치료입니다.

물론 탈수 증상이 생길 정도로 구토나 설사가 심하다면, 또 물을 마시지 못할 정도라면 당연히 증상 자체를 개선하는 대증요법 치료가 필요합니다. 경우에 따라서는 수액을 보충하는 방법도 써야 합니다.

소화 장애로 인한 발열인지 구별하기 어려운 이유

소화 장애만 단독으로 나타나면 진찰이 비교적 어렵지 않습니다. 하지만 어린이 발열의 대부분은 식적으로 인한 발열만 단독으로 나타나는 것이 아니라 여러 상황이 겹치면서 다양한 증상이 나타나므로 많은 진료 경험이 필요합니다.

열나기 직전에 감기가 시작되었거나 감기 증상이 이미 나타난 상황에서 열이 나는 때가 있습니다. 이러한 경우 감기로 인해 열이 나는 것으로 오인하고 감기약만 처방할 때가 있습니다. 감기에 일반적으로 처방되는 항생제, 해열제, 소염진통제, 항히스타민제 등은 혈액 공급을 차단하며 소화기능을 떨어뜨립니다. 따라서 감기약을 복용한 후 증상이 일시적으로 감소하더라도 시간이 지나 약기운이 떨어지면 다시 열이 오르고, 감기는 감기대로 악화시키는 과정을 반복합니다.

또한 체력이 저하되거나 피로가 쌓였을 때 소화기능이 약해지는데, 찬 음식이나 나쁜 음식을 먹지 않았어도 소화 장애와 발열이 나타날 수 있습니다. 이때는 병원에서 여러 검사를 해도 별다른 원인을 밝혀낼 수 없습니다. 몸이 건강하고 체력이 좋을 때는 위장 및 장의 연동운동이 활발하지만, 체력이 떨어지면 소화기관의 움직임도 느려지고 약해지므로 특별히 안 좋은 음식을 먹은 게 아닌데도 소화 장애로 인한 발열이 나타납니다.

이처럼 여러 가지 원인이 겹치는 경우가 많으므로 세밀한 진찰이 필요합니다. 일단 열이 나는 원인을 파악한 후 원인 치료를 통해 열을 떨어뜨려야 하는데, 진단이 잘못되어 첫 단추를 잘못 끼우면 그 뒤에는 이상 증상이 연이어 나타납니다.

한의원에서는 열이 내려간 다음에 감기 증상이 있다면 감기 치료를 하고, 평소 소화기능이 좋지 않았다면 소화기능에 대한 치료를 진행합니다. 그리고 체력과 면역력의 저하가 심하다면 체력을 보강하는 보약을 처방하고 다음 치료를 진행합니다.

왜 열이 나는지, 그 원인을 찾아 구별하지도 않고 일단 증상을 억제하는 성분의 약부터 처방하는 서양의학은 한의학과 분명한 차이가 있습니다.

아플 때
더 잘 먹어야 할까?

아이가 아프면 어르신들이 종종 이렇게 말씀하십니다.

“아플 때는 잘 먹어야 기운이 나서 빨리 낫는다.”

그래서 먹기 싫어하는데도 억지로 밥을 먹이고 뼈를 우려낸 국물이나 고기를 먹이기도 합니다.

아프면 잘 먹어야 한다는 말이 과연 옳을까요? 이 말은 결코 치료에 도움이 되지 않습니다. 소화기관에 문제가 생겼다고 가정할 때 음식을 섭취하는 것이 좋을까요, 아니면 음식을 피하는 것이 좋을까요? 당연히 음식을 피해야 합니다. 발목이 삐어서 퉁퉁 부어있을 때는 발을 쓰지 않고 쉬어야 하는 것처럼, 소화기능에 문제가 있을 때는 소화기관이 쉴 수 있게 해야 합니다. 온몸의 기능과 에너지가 병을 이겨내기 위해 애쓰고 있는데, 이 상황에서 음식을 섭취하면 음식을 소화하는 데 많은 에너지와 기운을 쓰게 됩니다. 당연히 병이 낫는 데 도움이 되지 않습니다.

그래서 몸살감기에 걸리거나 병의 급성기(치료 초기)에 입맛이 떨어지고 음식 생각이 없어지는 것입니다. 동물도 아플 때 잘 먹지 않습니다. 이는 몸살감기와 같은 급성 질환에 해당하며, 만성 질환이나 몸이 허약해져서 생긴 병이라면 영양분 흡수가 부족할 수 있기에 골고루 잘 먹어야 할 때도 있습니다.

소화 장애뿐 아니라 어떤 병이든지 급성으로 발병했다면 일단 먹는 것을 줄이거나 피해야 합니다. 아이가 배고프다며 먹을 것을 찾는다면 죽이나 미음, 끓인 누룽지 등 속을 편하게 할 수 있는 음식을 먹여야 합니다. 나중에 몸이 회복되면 알아서 먹을 것을 찾게 될 테고, 그때부터 차차 정상적인 식사로 바꾸어가면 됩니다. 먹지 않으려고 하는데 기운 내라고 억지로 먹이는 것은 병을 더디게 낫도록 하거나 악화하는 어리석은 행동임을 꼭 기억해야 합니다.

탈수 예방이 가장 중요

어린이가 아플 때 가장 주의해야 할 사항 중 하나가 탈수 증상입니다. 아이는 체중이 가볍기 때문에 구토와 설사로 인해 체액 손실이 생겨 탈수 증상이 쉽게 나타납니다. 일반적인 감기로 인한 열과 배탈 증상에서는 탈수에 대한 대비만 해주어도 위급한 상황으로 악화되는 것을 충분히 예방할 수 있습니다.

아이가 열나고 아플 때는 대부분 밥을 잘 먹지 못합니다. 이때 보리차를 자주 마시게 하면 좋습니다. 보리 자체가 약간의 냉(冷)한 성분을 가지고 있으므로 보리차를 끓여 자주 마시게 하면 해열에 도움이 되고, 비타민과 식이섬유 공급에도 도움이 됩니다. 만일 구토나 설사까지 동반한다면 보리차도 좋지만 이온음료가 체액 손실과 전해질 부족에 도움이 됩니다. 설탕이나 착색료가 들어가지 않은 순수한 이온음료가 좋습니다. 열도 많고 구토나 설사도 심한데, 아이가 물만 마셔도 바로 토해서 수분 공급이 안 되는 상황이라면 탈수 위험이 있으므로, 이때는 병원에 가서 수액 주사의 도움을 받으면 좋습니다.

입으로 물을 마시지 못하고 계속 토하는 상태라면 수분을 보충할 수 있는 방법이 수액 주사 말고는 없습니다. 제도 때문에 한의사가 수액 주사를 사용하지 못하는 것은 참으로 안타까운 일입니다. 수액 주사만 이용할 수 있어도 아이들 질환은 응급 상황에서 대처가 매우 수월할 텐데 안타깝습니다.

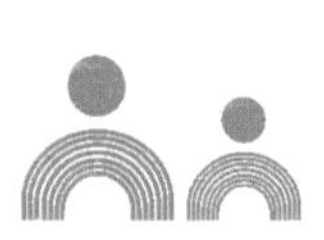

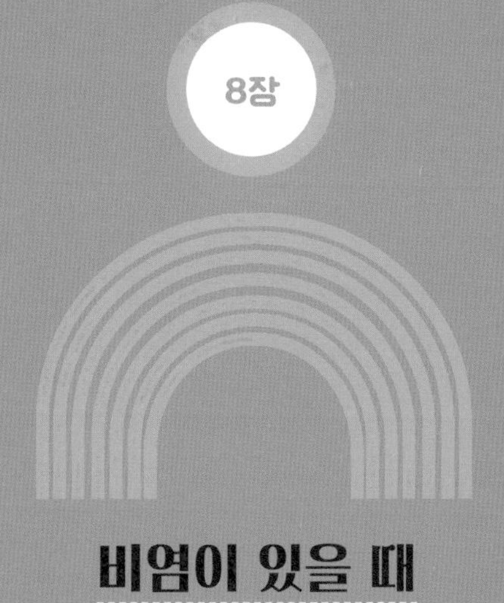

비염이 있을 때

비염의 특징

아이들 건강 관련해서 강의할 때 질문을 받아보면 가장 많이 불편해하고 궁금해하는 질병 중 하나가 비염입니다. 비염뿐만 아니라 감기 때문에라도 코막힘이나 콧물은 아이가 자라는 동안 피해갈 수 없는 증상입니다.

다른 증상과 달리 비염은 겉으로 드러나고 소리로 계속 확인할 수 있다 보니 부모님이 매우 예민하게 반응합니다. 감기는 일시적이지만 비염은 지속적이고, 주변 사람에게 영향을 미치므로 병원 치료를 서두르지만 잠시 호전되는 듯해도 잘 낫지 않습니다.

진찰하다 보면 비염인데 감기라고 생각하고 감기약을 복용하거나, 감기인데 비염으로 알고 있는 경우가 많습니다. 그도 그럴 것이 코에서 생기는 증상이고, 콧물과 코막힘 증상이 비슷하고, 병원에서는 콧물이 오래되거나 잘 낫지 않으면 비염이라고 진단해버리는 사례가 많기 때문입니다.

비염 환자는 손 닿는 곳에 항상 휴지를 놓아두고 수시로 코 풀기 바쁩니다. 그 많은 콧물이 어디서 다 나오는지 코를 풀어도 풀어도 계속 나옵니다. 또는 재채기를 연달아 하면서 계속 코를 킁킁거려 주변 사람들의 신경을 거스르게 합니다. 어떤 사람은 손가락이 늘 코 주변에 머물러 있으면서 코를 비비고 만집니다.

맑은 콧물과 재채기, 킁킁거림, 가려움이 비염의 대표 증상입니다. 심하면 코만 가려운 게 아니라 눈까지 가렵습니다. 또한 온도 차이가 날 때, 먼지가 많은 곳에 있을 때, 꽃가루가 날릴 때 등 상황에 따라 증상이 악화되기도 합니다.

1년 내내 증상이 있는 게 아니라 환절기나 특정한 시기에만 나타나므로 비염이라고 생각하지 않고 감기라고 생각하는 환자가 많습니다. 물론 컨디션이 저하되면서 감기와 겹칠 때 비염 증상이 심하게 나타나기도 합니다. 내원한 환자 중에는 감기인 줄 알고 왔다가 진찰 후 감기가 아니라 비염이고, 그것도 오래된 비염이라고 설명하면, 그동안 자신에게 비염이 있는 줄 전혀 몰랐다며 깜짝 놀라는 사례가 많습니다.

비염과 감기의 차이점

비염의 대표 증상인 맑은 콧물과 재채기, 가려움이 없다면 감기나 축농증일 가능성이 큽니다. "감기도 맑은 콧물과 재채기, 가려움이 있지 않나요?"라고 물어볼 수 있습니다. 네, 있을 수 있습니다. 그런데 감기에 걸렸을 때를 한번 생각해볼까요? 처음에는 오한과 발열이 있고 맑은 콧물이 흐르지만, 그 상태에서 시간이 더 흐르면 탁한 콧물, 노란 콧물로 변합니다. 또한 기침이 시작되고 가래도 생깁니다. 초기에는 재채기도 있지만, 그 시기가 지나면 재채기를 거의 하지 않습니다. 가려워서 코를 비비거나 킁킁거리지도 않습니다.

비염은 오한과 발열 증상이 없습니다. 기침과 가래도 없습니다. 시간이 지나도 맑은 콧물만 흐릅니다. 콧물 색이 진해지거나 노래지지 않습니다. 노란색 콧물이 보인다면 이것은 감기에 걸렸거나 축농증입니다. 비염이면 맑은 콧물이 줄줄 흐르고 재채기를 연달아 해서 주변 사람들이 감기에 옮을까봐 가까이 오

비염과 감기의 차이점

	비염	감기
콧물 색깔	맑은 색	처음에는 맑은 색에서 탁한 색, 노란색으로 변화
코와 눈의 가려움	있다	없다
재채기	계속된다	초기에만 잠깐
계절(환절기)	심해진다	상관없다
오한, 발열	없다	있다
목소리	잠기지 않는다	잠긴다
기침	없다	있다
가래	없다	있다

지 않습니다. 코가 가려워서 자신도 모르게 코를 비비거나 킁킁거리므로 주변 사람들에게 눈총받기 십상입니다. 이러한 기준으로 관찰하면 비염인지 아닌지 쉽게 구별할 수 있습니다.

코의 기능

코의 기능 중 가장 대표적인 것은 냄새 맡기입니다. 그래서 감기에 걸려 코막힘이 있으면 냄새를 잘 맡지 못합니다. 비염으로 오랫동안 고생하는 사람도 냄새를 잘 맡지 못합니다. 코가 제 기능을 못하니 어쩔 수 없겠지요. 그 외에 또 무슨 기능이 있을까요?

냄새 맡는 기능 외에 인체의 온도와 습도를 조절하는 기능을 합니다. 코로 들어온 찬 공기나 뜨거운 공기는 콧구멍의 통로를 지나면서 적정한 온도로 바뀝니다. 차가운 공기가 갑자기 폐로 들어가면 폐에 큰 부담이 되니까요. 습도도 조절합니다. 체내로 들어온 공기가 콧구멍을 통과하면서 적정한 습도로 바뀌게 됩니다.

또한 공기청정기처럼 체내로 들어가는 먼지나 이물질을 걸러주는 역할을 하며, 사람의 목소리가 잘 날 수 있도록 울림통 역할도 합니다.

코에 문제가 생기면 나타나는 증상

가장 먼저 온도 조절이 잘 안되겠지요. 너무 차갑거나 뜨거운 공기가 갑자기 기관지와 폐로 들어오면 우리 몸은 '큰일 났다! 코가 제 기능을 못하고 있으니 코로 들어오는 공기양을 줄여라!'라고 명령을 내립니다. 그러면 들어오는 공기의 양을 줄이기 위해 코 점막을 붓게 하여 코가 막히게 합니다. 혹은 공기가 들어오지 못하도록 강제 배출 작용으로 재채기를 하게 합니다.

또한 코 점막을 촉촉하게 적셔주는 점액의 분비량이 줄어듭니다. 강아지 건강 상태를 가장 쉽게 알 수 있는 방법은 코를 살피는 것이라고 합니다. 건강한 강아지는 코가 촉촉한데 건강에 문제 있는 강아지는 코가 건조해서 바짝 말라 있습니다.

사람도 마찬가지입니다. 건강하고 컨디션이 좋으면 콧속 표면에 점액이 적정량 분비되어 늘 촉촉한 상태를 유지합니다. 반면 코가 건강하지 못하면 점액 분비가 감소하여 코 내부가 점차 건조해집니다. 코가 건조해지면 많이 가렵습니다. 자연히 손이 자꾸 코로 가서 비비게 되고, 얼굴을 찡그리며 킁킁거려서 가려움을 해소하려고 합니다. 코의 건조함을 해결하기 위해 일시적으로 많은 점액이 만들어지기도 합니다. 맑은 콧물이 줄줄 흐르는 것은 이 때문입니다.

비염을 꼭
치료해야 하는 이유

코가 막히면 자기도 모르게 입을 벌려 숨을 쉬고 산소를 공급하게 됩니다. 입을 벌려서 숨을 쉰다고 해도 코로 숨 쉴 때보다 산소 흡입량이 훨씬 적습니다. 이 때문에 머리와 뇌로 공급되는 산소량이 부족해져 뇌 기능, 집중력, 학습 능력이 저하됩니다.

학생은 책상 앞에서 공부할 때 머리와 상체를 앞으로 숙이는 자세가 되기 쉽습니다. 코가 막혀 숨쉬기도 힘든데 콧물은 흐르고, 고개를 숙인 자세로 있다 보니 머리까지 아파옵니다. 이 상태로는 도저히 공부에 집중할 수 없습니다. 그렇지 않아도 잡생각이 많고 집중 못 하는 어린이나 학생이라면 비염으로 인해 공부와 담을 쌓게 됩니다.

또한 코가 숨 쉬는 기능을 잘 하지 못해 입으로 숨 쉬느라 항상 입을 벌리고 있으니 또 다른 문제가 생깁니다. 입안이 건조해지고, 폐와 기관지로 세균이나 바이러스가 침입하기 쉬워져 감기에 걸릴 가능성이 매우 커집니다. 그리고 숨을 쉬기 위해 항상 입을 벌리고 생활하다 보면 얼굴형까지 바뀝니다. 즉, 얼굴과 턱이 길어지는 아데노이드형 얼굴로 변하게 됩니다.

비염의 종류

서양의학에서는 비염을 알레르기성 비염, 위축성 비염, 비후성 비염, 혈관운동성 비염 등으로 구분 지어 놓았습니다. 알레르기성 비염은 알레르기 물질로 인해 증상이 나타나는 것을 말하며, 위축성 비염은 코 점막이 위축된 상태를, 비후성 비염은 코 점막이 부어있는 상태를, 혈관운동성 비염은 정확한 원인을 찾지 못한 비염을 말합니다.

한의학에서는 추울 때 심해지는지, 피곤할 때 심해지는지, 소화기능에 문제가 있을 때 심해지는지, 스트레스받을 때 심해지는지 등 언제 증상이 악화되는지 구별하고 그에 따른 처방과 기전을 설명하고 있습니다.

서양의학과 한의학의 차이점에서 설명한 것처럼 서양의학에서는 구조의 이상, 수치의 변화, 외부의 접촉 물질에 따라 병명을 붙이고, 한의학에서는 언제 심해지는지 원인을 찾으려 애씁니다.

알레르기성 비염

서양의학에서는 '알레르기'라는 말을 참 많이 씁니다. 알레르기 물질에 의해 인체가 과민반응을 한다는 것입니다. 그래서 알레르기 반응 검사를 통해 인체의 과민반응을 유도하는 알레르기 원인이 무엇인지 찾으려 합니다. 꽃가루, 진드기, 곰팡이, 동물의 털, 각종 음식 등 인체에 자극을 주는 외부 원인을 찾아 알레르기를 회피하려는 노력을 하라고 설명합니다. 그러고는 결국 알레르기 반응을 억제하는 항히스타민제와 면역억제제 등을 똑같이 처방합니다.

그러면 여기서 궁금한 점이 생깁니다. 똑같은 조건에서 생활하고 있는데 왜 누구는 알레르기 반응을 해서 증상이 나타나고, 누구는 알레르기 반응을 보이지 않는 것일까요?

비염으로 한정해 생각해보겠습니다. 두 아이가 있는데, 형제 중 큰아이는 매년 환절기만 되면 콧물과 재채기로 정신이 없습니다. 코를 푸느라 휴지를 옆에 끼고 살고, 책을 읽는 것도 힘들어할 정도입니다. 형제가 같이 병원에서 알레르기 반응 검사를 해보니 꽃가루가 원인으로 나왔습니다. 동생은 형과 달리 환절기가 와도 비염으로 고생하지 않고, 편하게 잘 지내고 있습니다.

같은 환경에서 생활하는데도 형은 과민반응하고 동생은 괜찮다면 이것은 외부 물질, 즉 알레르기로 인한 원인으로 보기보다는 코 점막이 약한 것은 아닌지 생각해보아야 합니다. 코 점막이 튼튼하고 제 기능을 유지한다면 꽃가루가 날려도, 온도 차이가 좀 나도 괜찮습니다. 코가 평소와 다름없이 온도 조절 기능을 수행하고 있는데 비염 증상을 보일 이유가 없습니다.

비염이 심하고 잘 낫지 않는다고 알레르기 검사로 알레르기 유발 원인을 찾기보다는 코 점막의 기능을 향상시키고, 코가 제 기능을 유지할 수 있는 방법을 고민하고, 그에 맞는 치료 방법을 찾으려 노력해야 합니다.

비후성 비염과 위축성 비염

비후성 비염은 말 그대로 코 점막이 부어있는 상태입니다. 코 점막이 부어있으니 코가 막혀 답답하고, 숨도 편히 쉴 수 없습니다. 이런 경우, 코 점막 수축제를 사용해 코 점막을 수축시키려 하고, 그래도 안 되면 수술해야 한다는 이야기가 자연스럽게 나옵니다. "코가 막혔으니 코 점막을 잘라내면 코로 편하게 숨 쉴 수 있다."는 논리입니다. 이는 코 점막의 기능을 전혀 고려하지 않은 생각입니다.

코 점막이 제 기능을 하지 못해 코가 부은 것이니, 이때는 코 점막의 기능을 회복하게 할 생각을 먼저 해야 합니다. 코 점막이 건강해지면 부었던 코가 자연스럽게 줄어듭니다. 코 점막이 부었다고 해서 코 점막 수축제로 강제로 수축시키거나 수술로 코 점막의 일부를 잘라내서 숨 쉬는 공간을 확보하려는 것이 과연 바람직한 치료 방법인지 신중하게 고민해야 합니다.

위축성 비염은 코 점막이 쪼그라들었다는 말입니다. 코 점막의 표면적이 줄어들었으므로 코막힘은 없습니다. 코로 숨 쉬는 것도 그리 힘들지 않습니다. 하지만 코 본연의 기능인 온도 조절 능력은 확연히 떨어질 수밖에 없습니다.

그래서 비후성 비염과 달리 위축성 비염은 수술하자는 이야기가 나올 수 없습니다. 안 그래도 작아진 코 점막을 어떻게 더 자르겠습니까? 위축성 비염은 코 점막 수축제를 장기간 사용하거나 코 점막의 기능이 극도로 쇠퇴한 경우가 대부분이어서 한방 치료로도 코 점막 표면을 정상화하기 쉽지 않습니다.

코 점막의 정상 모습과 비정상 모습

코 내부를 촬영한 사진을 살펴보겠습니다. 코 사진을 판독하는 일은 그렇게 어렵지 않습니다. 이해하기 쉽게 설명하겠습니다.

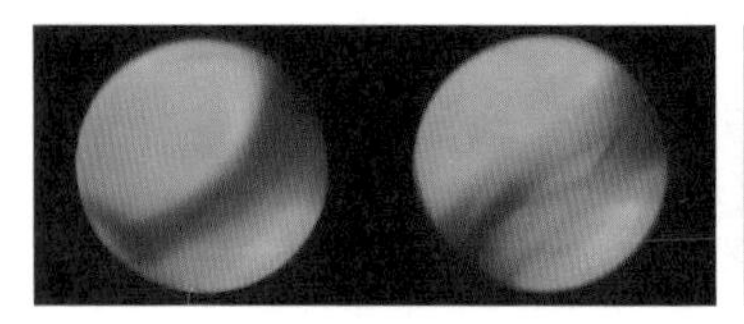

사진 1 정상적인 코 점막

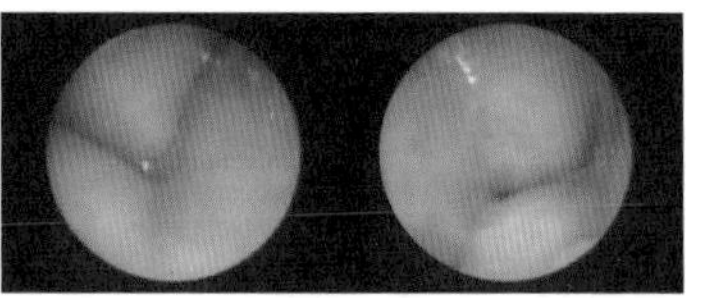

사진 2 코 점막의 부종

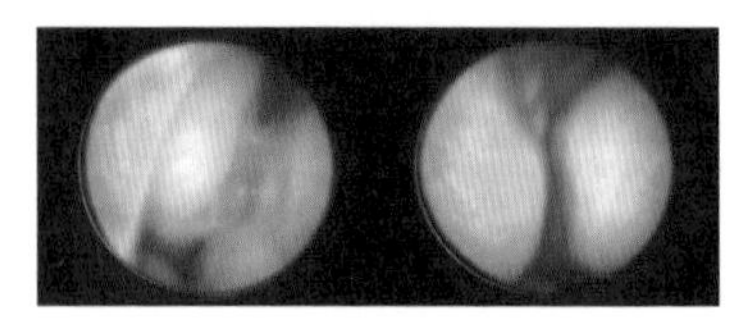

사진 3 창백하고 주름이 있는 코 점막

사진 1을 볼까요? 먼저 코 점막 색깔을 보면 혈색이 잘 돌면

서 전체적으로 불그스름합니다. 코 점막이 붉다는 말은 코 점막으로 혈액순환이 잘 되고 있다는 의미입니다. 코 점막 표면이 건조한 느낌이 없으면서 표면이 매끈합니다. 쭈글쭈글한 주름이 보이지 않습니다. 코 점막 사이가 잘 떨어져 있어서 그 사이로 편안하게 숨을 쉴 수 있습니다.

이번엔 사진 2를 볼까요? 사진 1과 많이 다릅니다. 코와 코 사이 간격이 전혀 없습니다. 코로 숨을 쉴 수 없겠죠? 당연히 코막힘이 심해 입으로 숨 쉬고 있을 것입니다.

사진 3을 볼까요? 코 점막 색깔이 사진 1과 비교해서 많이 창백합니다. 혈색이 별로 없죠. 혈액순환이 잘 안되고 있다는 뜻입니다. 코 점막 표면에 쭈글쭈글한 주름이 많이 보입니다. 코 점막도 촉촉하지 않고 많이 건조한 느낌입니다. 숨 쉬기는 불편하지 않겠지만 코가 제 기능을 전혀 못할 것입니다. 코막힘 증상은 별로 없으나 가려움, 킁킁거림, 재채기, 순간적인 맑은 콧물의 다량 분비 증상이 나타납니다.

코 점막의 변형 과정

사진 1처럼, 코 점막에 불그스름한 혈색이 고르게 퍼져있고, 표면은 매끈하며, 코막힘도 없다면 비염 증상이 생기기 어렵습니다. 일시적인 감기나 찬 공기로 인한 반응은 있을 수 있지만 지속적인 비염 증상은 나타나지 않습니다. 그럼, 정상적인 코 점막이 어떤 과정을 거쳐 점점 나쁘게 변화할까요?

풍선을 예로 들어 설명해보겠습니다. 바람을 불어넣기 전 풍선 모습은 표면이 매끄럽고 부드럽습니다. 이 풍선에 바람을 불어넣어 크게 부풀렸다가 바람을 빼면 매끈하던 풍선 표면에 쭈글쭈글한 주름이 생깁니다. 풍선에 바람을 넣었다 뺐다를 반복하면 주름이 점점 더 심해지고 탄력성도 점차 약해집니다.

같은 이치입니다. 태어날 때는 정상이었던 코 점막의 표면이 코가 부었다 줄었다 하는 과정을 여러 번 반복하면서 코 점막에 이상이 생기게 됩니다. 그런데 신체적으로 자연스럽게 일어나는 코 점막의 부종과 수축은 코 점막에 그리 큰 영향을 미치지 않습니다.

문제는 코 점막이 부어서 막힌 코를 뚫는다고 코 점막 수축제를 사용해 강제로 코 점막을 쪼그라들게 하는 것입니다. 부어 있던 코 점막이 정상적인 과정으로 줄어들면 괜찮은데 강제로 수축시키는 과정을 반복하면, 풍선 표면에 주름이 생기듯 코 점막 표면에도 주름이 만들어집니다. 그러한 결과로 사진 3처럼 변하게 되는데, 이러한 코 상태는 하루이틀에 생긴 것이 아니라 아주 오랜 기간 쌓이고 쌓여서 만들어진 모습입니다.

코 점막 수축제와 항히스타민제를 자주 복용하면?

비염으로 양약을 복용하고 있는 환자가 공통으로 하는 말이 있습니다.

"약을 먹으면 그때는 잠깐 괜찮은데, 시간이 지나면 다시 똑같아져요."

그런데 이 말은 틀렸습니다.

"약을 먹으면 그때는 잠깐 괜찮지만, 약을 먹을수록 코 점막은 점점 더 망가져요."

이 말이 더 옳은 표현입니다.

비염 혹은 감기로 인한 콧물과 코막힘이 있을 때 병원에서는 보통 코 점막 수축제와 항히스타민제를 처방합니다. 코가 막혔으니 코 점막을 수축시키고, 콧물이 흐르니 콧물이 나는 기전을 차단하자는 의도지요.

아기 피부처럼 매끄럽고 부드럽고 윤기가 있어야 피부가 제 기능을 다하는 것처럼 코 점막도 매끄럽고 부드러워야 코 본연의 기능을 할 수 있습니다. 그런데 코막힘이 있다고 해서 코 점막 수축제로 코 점막을 강제로 수축시키는 일을 반복하면 코 점막 표면에 쭈글쭈글한 주름이 생깁니다. 쭈글쭈글하고 거친 피부가 피부병에 잘 걸리듯, 쭈글쭈글하고 건조해진 코 점막은 온도 조절 역할을 제대로 못하면서 외부 감염 물질에 쉽게 노출될 수 있습니다.

콧물이 흐를 때 일반적으로 처방하는 항히스타민제를 복용하면 콧물은 잠깐 감소하겠지만 코 점막으로 가는 혈액량이 줄어들어 코 점막 색깔은 점점 더 창백해집니다. 코로 들이마시는 공기는 따뜻한 혈액이 흐르는 코 점막을 통과하면서 적정한 온도로 조절되는데, 혈액순환이 안 되어 코 점막이 창백한 상태에서는 온도 조절 기능이 정상적으로 이루어질 수 없습니다.

그래서 콧물약이나 비염약을 오래 복용했다는 환자들은 코 점막이 창백하고 쭈글쭈글합니다. 이런 경우 한숨이 절로 나옵니다. 이런 상태에서 어떻게 치료 효과를 기대할 수 있을지 환자에게 설명하기도 답답합니다.

단순히 코가 불편하다는 이유로 코 점막 수축제와 항히스타민제를 사용하면 잠깐은 증상이 줄어서 편할 수 있지만, 이것은 코 점막을 점점 회복이 어려운 상태로 진행하게 하는 주요 원인이 됩니다.

코 점막 수축제와 항히스타민제 복용은 증상이 너무 심해서 일상생활이 어려울 때 잠깐 도움받는다고 생각하면 좋습니다. 대신 약을 복용할수록 코 점막이 점점 더 손상될 수 있음을 인지하고 있어야 합니다. 알면서 복용하는 것과 모르면서 복용하는 것에는 큰 차이가 있습니다.

비염의 한방 치료

서양의학에서는 코 점막 상태에 따라 비염을 다양하게 분류하지만, 치료 방법은 코 점막 수축제와 항히스타민제로 결국 똑같습니다. 코막힘이 심하면 코 점막을 잘라내는 수술로 종착점에 도달합니다.

한의학에서도 서양의학처럼 치료 방법이 누구에게나 똑같으면 진료하기가 참 편할 텐데, 그렇지 않습니다. 한의학은 사람마다 치료 방향이 달라서 처방도 달라집니다.

코는 몸 건강 상태에 따라 매우 민감한 반응을 보입니다. 몸 상태가 안 좋은데 코만 건강할 수 있을까요? 체력은 저하되었고 피로는 쌓였는데 코 기능만 활발하게 제 기능을 할 수 있을까요?

만일 어떤 어린이가 비염으로 고생하는데 코막힘과 콧물, 재채기 등의 증상만 있을 뿐 다른 곳은 전혀 이상이 없다면 코만 치료하는 처방을 합니다. 당연히 치료도 빠르고 효과도 잘 나타납니다.

그런데 비염으로 내원한 어린이를 진찰해보니 소화기능이 좋지 않아 밥을 잘 안 먹고 배가 자주 아프거나 대변 상태가 나쁘다면 반드시 소화기능을 같이 잡아주어야 합니다. 코만 치료해서는 양약처럼 일시적으로 편해질 뿐이고, 시간이 지나면 다시 나빠집니다.

만일 체력이 떨어져 있고 면역력이 약해져 감기를 달고 사는 어린이라면 체력과 면역력을 증강하는 처방을 함께해야 합니다.

중고등학생이라면 아침부터 밤까지 앉아서 공부하기 때문에 대부분 체력이 떨어져 있습니다. 오랜 시간 앉아서 집중하다 보면 머리로 혈액이 과도하게 몰리고 열이 위로 뜨게 되는데, 공부하는 학생이라면 치료할 때 이러한 상황도 함께 고려해야 합니다.

코만 보거나 코만 치료하려고 하면 비염은 절대 좋아질 수 없습니다. 코 점막 기능과 혈액순환을 개선하면서, 개개인의 특성과 몸 상태를 고려해야 하고, 처방도 각각의 상황에 따라 다르게 해야 합니다. 이렇게 처방된 한약이 양약에 비해 비염 치료에 월등히 좋은 효과를 보이는 것은 당연합니다.

비염에 코 세척은 금물

아이가 비염으로 코를 훌쩍거리거나 코가 막혀 힘들어할 때 코 세척을 하게 하는 부모님이 많습니다. 코가 불편하지 않은데도 코 세척이 좋다고 생각하고 평소에도 꾸준히 하는 경우도 많습니다. 실제로 코 세척을 하면 코가 시원한 느낌이 들기에 코에 도움이 된다고 생각해서 열심히 합니다.

코 점막에서는 점액을 항상 일정하게 분비해서 코가 늘 촉촉한 상태를 유지하게 합니다. 이 점액을 통해 코로 들어오는 이물질을 청소하는 역할도 하고 외부 세균을 방어하는 역할도 합니다. 그런데 코 세척으로 자꾸 코의 점액을 씻어냅니다. 잠깐은 시원할 수 있지만, 코 점막 점액이 없어져 점점 건조해지며 이러한 행동을 반복하면 코에서 점액을 분비하는 기능에 문제가 생깁니다.

비염은 코 점막의 기능이 약해져 외부 환경에 과민반응하게 되는 상태라고 설명했습니다. 거기다 반복적인 코 세척으로 코 점막이 건조해지면 외부 환경에 더욱 예민해져 비염 증상은 점차 악화됩니다.

코 세척이 도움되는 경우는 딱 하나입니다. 축농증 때문에 농과 진한 콧물이 코 깊은 곳에 고여있어서 코를 풀어도 배출되지 않는 경우입니다. 특히 어린아이는 코를 풀지 못하는 때가 많습니다. 이때 하루 한두 번 정도 코 세척을 통해 콧물과 농이 빠져나오게 하여 숨쉬는 데 도움을 주는 것이 필요할 수 있습니다. 이것도 처음에만 잠깐 도움을 주는 정도여야 합니다. 축농증 치료가 어느 정도 마무리되면 중단해야 합니다.

그러기 위해서는 우선 코 상태를 정확히 진단해야 합니다. 단순한 콧물 감기인지, 비염인지, 축농증이면서 코 내부에 탁한 콧물과 농이 고여있는지 먼저 파악한 후에 코 세척 여부를 알 수 있습니다.

비염에 좋다고 해서 또는 감기 예방에 도움이 된다고 해서 코 세척을 하고 있었다면 코 세척이 반드시 필요한 상태인지 확인해야 하며, 비염 환자라면 코 세척은 하지 않아야 합니다.

비염 치료에 좋은 생활습관

비염을 개선하기 위해 일상생활에서 꼭 지켜야 하는 주의사항은 발을 따뜻하게 하는 것입니다. 추운 날 옷을 따뜻하게 입되, 맨발로 밖에 나가보세요. 금방 코가 막히고 콧물이 흐릅니다. 무더운 여름에는 어떨까요? 차가운 계곡물에 발을 담그면 더위가 금방 달아나지만 몸이 으슬으슬해지는 경험이 있을 겁니다. 그만큼 발 상태가 신체 온도와 코 상태에 영향을 줍니다.

비염으로 오랜시간 힘들어하는 아이나 가족이 있다면 일단 양말을 신고 따뜻한 실내화까지 신게 해주세요. 비염뿐 아니라 오래된 콧물감기도 마찬가지입니다. 맨발로 지내는 습관을 바꾸고 난 뒤 코와 관련한 증상이 감소하는지 살펴주세요.

외출할 때는 양말과 신발을 신으니 발이 따뜻합니다. 그런데 집안에서는 대부분 맨발로 지냅니다. 발 위로는 겉옷과 바지 등을 입어서 보온을 유지하지만, 발은 맨살이 노출된 채입니다. 그러다 보니 실내 온도는 따뜻해도 발은 차갑습니다.

바닥 난방을 24시간 한다 해도 바닥이 계속 따뜻한 상태는 아닐 겁니다. 이러면 발은 찬 바닥과 계속 닿고 있습니다. 몸은 춥다고 느끼지 않지만, 발이 느끼는 온도는 춥습니다.

환절기에 비염이 심해진다는 이야기를 많이 합니다. 흔히 꽃가루 때문이라고 합니다. 하지만 꽃가루가 날리지 않는 환절기에도 비염이 심해지는 것을 보면 맞지 않는 이야기입니다. '환절기에 왜 심해질까?' 이렇게 의심해볼 수 있습니다. 추웠다가 따뜻해지는 3~5월, 더웠다가 추워지는 9~11월에는 실내 난방을 거의 하지 않습니다. 그런데 집안에서 맨발로 생활하면서 찬 바닥에 발이 계속 닿아 비염 증상을 악화시키는 것은 아닌지 추측해보기도 합니다.

이유야 어떻든, 가족 중 누군가가 비염으로, 코감기로 콧물이나 코막힘으로 힘들어한다면 일단 발을 따뜻하게 하고 지내도록 해주세요. 족탕이나 반신욕을 하면 효과가 더 좋습니다. 이렇게 하고 나서 증상이 줄어드는지 확인해보세요. 만일 코가 한결 편해진다면 발을 차게 하는 생활습관이 원인이었다는 것을 알 수 있고, 계속 발을 따뜻하게 해주면 이전만큼 증상이 악화되지는 않을 것입니다.

9장

감기에 걸렸을 때

감기에 걸리는 것은 당연하다

사람에 따라 다르지만 건강한 어른이라면 감기는 1년에 한 번 걸릴까 말까 하는 질병입니다. 그런데 아이는 크면서 왜 자주 감기에 걸리고 콧물은 내내 달고 사는지, 기침은 왜 그렇게 잦은지 부모님들은 걱정이 많습니다.

성인이 되기 전 아이는 신체기관이 다 형성되어 있지 않고, 면역체계도 약합니다. 감기에 자주 걸릴 수밖에 없습니다. 더 자주 걸리거나 덜 걸리거나, 걸렸을 때 금방 낫거나 오래 앓거나 하는 차이가 있을 뿐 감기에 걸리지 않고 크는 아이는 없습니다.

그럼 감기에 한 번도 걸리지 않는 아이는 과연 건강한 것일까요? 어떤 세균이나 바이러스도 침입할 수 없는 무균실에서 지내는 아이를 상상해보겠습니다. 감기나 세균에 감염되지는 않겠지만 그 아이의 면역력은 강한 상태일까요? 그러다 성인이 되어 무균실 밖으로 나온다면 가벼운 감기 바이러스나 약한 세균 감염에도 매우 위급한 상태가 될 수 있습니다. 유럽 사람들이 미국에 처음 도착했을 때 병균에 노출된 적이 없던 원주민들이 전염병에 걸려 대다수가 사망했던 사실을 생각하면 끔찍합니다.

면역체계와 신체기관이 완성되기 전인 아이가 감기에 걸리는 것은 당연합니다. 반대로 생각하면 감기에 걸리면서 외부의 다양한 바이러스 침입에 인체가 훈련하는 과정이고, 이를 통해 면역력이 강해지는 과정으로 볼 수 있습니다.

아이가 크면서 감기에 안 걸리면 좋겠지만, 걸린다면 당연하게 받아들이는 자세가 필요합니다. 대신 적절한 치료로 힘들지 않게 보살피고, 만성질환으로 진행하지 않게 도와주는 것을 목표로 한다면 부모님 마음이 조금 편해질 것입니다.

감기 치료는 어떻게 해야 바람직한가?

감기에 관한 우스갯소리가 있습니다.

'약을 먹으면 1주일, 약을 안 먹어도 1주일은 지나야 낫는다.'

약을 먹으나 안 먹으나 낫는 데 1주일이 걸린다면 약을 왜 먹을까요?

감기 치료는 약을 먹자마자 낫는 게 목적이 아닙니다. 힘든 증상을 완화하게 하거나, 열이 심하다면 열을 내리게 해서 아이가 위험에 노출되지 않게 하는 것이 목적입니다.

그러면 증상을 줄이기 위한 처방을 해야 하는데 그렇지 않은 경우가 많고, 이로 인해 가만히 있으면 1주일이면 나을 감기가 잘못된 치료로 인해 만성으로 진행하게 됩니다.

감기는 겉으로 드러나는 증상이기에 아이가 아플 때 약을 먹여야만 안심이 되고, 그것이 부모의 역할이라고 생각합니다. 혹시라도 병원에서 약을 받아오지 않으면 가족뿐 아니라 주변 사람들이 왜 아이에게 약을 빨리 먹이지 않느냐고 다그칩니다.

그냥 있으면 나쁜 엄마아빠가 된 듯한 기분마저 들게 합니다.

항생제가 몸에 좋지 않다는 이야기를 들어 알고 있지만, 항생제를 복용해야 빨리 나을 수 있다고 생각합니다. 열이 나면 빨리 떨어져야 하고, 열 때문에 혹시라도 아이에게 큰일이 생기지 않을까 하는 걱정으로 부리나케 해열제를 먹입니다. 콧물이 나면 비염과 축농증이 되지 않을까 걱정하면서 항히스타민제를 복용하게 합니다. 기침하면 폐렴이나 기관지염이 될까 두려워 기침약과 가래약을 먹입니다.

아이가 감기에 걸렸을 때 무조건 약을 먹이면 좋지 않습니다. 그렇다고 무조건 약을 먹이지 말라고 말하는 것은 아닙니다. 어떤 때 어떤 약을 복용해야 하는지 부모님이 정확히 아는 것이 중요합니다.

일반적인 감기 증상

사람마다 조금씩 다르겠지만 발열, 오한, 콧물과 기침, 목소리 변화 등이 급성 감기의 대표 증상입니다. 경우에 따라 몸살로 인한 근육통이나 관절 부위의 욱신거림도 동반합니다. 이런 일련의 증상이 보통 3~5일 정도 지속된 후 정상으로 회복합니다.

만일 3~5일이 지났는데도 계속 열이 오르내리거나 몸살이 가라앉지 않는다면 정상적인 치료 방법을 사용하지 않았거나 단순 감기에서 만성 감기 혹은 다른 질환으로 악화되었을 가능성을 염두에 두고 치료에 임해야 합니다.

열나는 것이 꼭 나쁜 일인가?

체온을 재는 위치에 따라 다르지만, 신생아의 정상 체온은 37.5도 정도입니다. 아이가 자라면 점차 체온이 내려가서 일곱 살 전후부터는 성인의 정상 체온인 36.5도에서 37도 사이가 됩니다. 그런데 감기에 걸려 열이 나면 38도에서 39도까지, 심한 경우에는 40도까지 올라갑니다. 아이가 이렇게 열이 나서 힘들어하는데 당황하지 않을 부모님이 있을까요? 아이 대신 아파줄 수도 없고, 이때는 병이 참 원망스럽습니다. 열만 없어도 아이가 덜 힘들어할 것 같은데 말입니다.

그렇다면 열은 왜 날까요? 오른 열은 바로 내려야 아이가 빨리 건강해질 수 있을까요? 열이 나는 아이를 보면 부모님은 바로 해열제를 처방받고 복용하게 합니다. 부모님 생각으로는 열은 오르지 말아야 하는, 절대 있어서는 안 되는 이상 증상이기 때문입니다.

관점을 조금 바꾸면 어떨까요? 물론 아이가 건강해서 열이

나지 않으면 가장 좋겠지요. 하지만 열이 나는 게 감기를 이겨내기 위한 우리 몸의 정상적인 노력이라면 그때는 어떻게 해야 할까요?

몸 속 면역을 담당하는 면역체계와 면역과 관련된 세포들은 언제 가장 강한 힘을 가질까요? 36.5도 내외의 정상 체온에서 면역력이 가장 강할까요? 아니면 면역력이 강한 적정 체온이 따로 있는 걸까요? 결론부터 말하면, 체온이 38~39도 사이일 때 우리 몸의 면역력은 가장 활발합니다. 이때가 병을 이겨낼 수 있는 최적의 몸 상태라고 할 수 있습니다. 그러면 열이 오르는 게 과연 나쁜 걸까요? 꼭 열을 내리는 것만이 최선일까요? 한번 심각하게 고민해볼 문제입니다.

열이 있지만 다른 합병증으로 인한 소견이 없고, 열이 생긴 지 3일 이내이며, 다른 위험 증상이 보이지 않는 단순 감기라고 진단받았을 때는 아이의 열을 조금 두고 보면 어떨까요? 열이 나는 것은 병을 이겨내려는 신체의 정상적인 노력이고 과정이라고 생각하면서 지켜보는 겁니다.

언제 해열제를 써야 할까?

다음은 우리나라 의과대학 소아과 교과서에 명시된 해열제 사용 기준입니다.

- 40.5도 이상의 발열.
- 39도 이상의 열이 있으면서 두통, 근육통, 중이염 등으로 괴로워할 때.
- 선천성 심장질환이나 심한 열성 경련 등으로 주치의가 미리 해열제 사용을 허용했을 때.

단순 감기로 인한 소아 발열은 아이의 불편함을 덜어주기 위함이지 체온이 기준은 아니라고 제시하는 나라가 많습니다. 위의 해열제 처방 기준에 해당하지 않는다면 다소 고열이더라도 조금 기다리면서 아이가 병을 이겨낼 수 있게 도와주어야 합니다.

열이 몇 도가 되면 위험한가?

많은 부모님이 열이 38도를 넘으면 고열이라고 생각합니다. 39도가 넘으면 아이에게 큰일이 일어날 것만 같고, 40도가 넘으면 아이 뇌에 손상이 생기지 않을까 심각하게 걱정합니다.

발열이 생긴 지 2~3일 이내이고, 고열 외 다른 특이한 이상 증상이 없다면 40도가 넘는 고열이라고 해도 열 자체가 문제를 일으키지는 않습니다. 체온이 몇 도인지보다 위험하거나 좋지 않은 증상이 동반되는지 여부가 더 중요합니다. 열이 39~40도가 되더라도, 별다른 위험 증상이 없다면 조금 더 지켜보세요.

반면, 37~38도 정도의 미열이어도 폐렴이나 기관지염으로 의심되는 컹컹거리는 기침 소리와 그르렁거리는 숨소리를 동반한다거나, 의식이 없어지면서 뒷목이 뻣뻣해지는 뇌수막염과 관련한 증상이 보인다면 이때는 병원을 찾아 적절한 조치를 받아야 합니다. 다시 말해, 열 자체만 보고 위험한지, 그렇지 않은지 판단해서는 안 된다는 말입니다. 물론 이러한 구별을 보통의 부모님들이 하기는 쉽지 않습니다.

위험한 증상인지 구별하기 힘들다면 열나기 시작한 초기에 가까운 병원이나 한의원에서 진찰을 받아보세요. 그리고 궁금한 것은 의사 선생님에게 물어보세요. 아이에게 위험한 증상이 없다는 게 분명해지면 이제는 아이 스스로 병을 이겨내고 열을 내릴 수 있도록 차분하게 기다려야 합니다.

고열로 응급실에 가야 할 때

고열과 함께 다음과 같은 증상을 보이면 아이가 위험하다는 신호입니다.

첫째, 고열이 나는 상태에서 아이가 구토와 설사를 합니다. 이럴 때는 두 가지 상황을 생각해볼 수 있습니다. 구토나 설사를 한 뒤에 열이 떨어지고 아이가 편해진다면 식적류상한(食積類傷寒, 음식의 소화 장애로 인한 유사감기 증상)일 가능성이 크므로 걱정하지 않아도 됩니다. 그런데 구토와 설사가 지속되고 열이 더 심해지면 이것은 감기가 아닌 다른 내과 질환일 수 있습니다.

둘째, 열이 많이 날 때 아이가 누운 상태에서 뒷목을 받치고 머리를 살짝 들어보세요. 뒷목이 부드럽고 평소와 같이 앞으로 잘 숙여진다면 괜찮습니다. 하지만 막대기같이 뻣뻣하고 고개가 잘 숙여지지 않으면서 의식이 또렷하지 않다면 뇌수막염 가능성을 고려해봐야 합니다. 이때 아이가 구토하면서 심한 두통을 호소하고, 그리 밝지 않은 불빛에도 눈이 부셔서 눈을 잘 뜨지 못한다면 뇌수막염일 가능성이 더욱 커집니다.

셋째, 의식을 잃거나 호흡곤란 및 비정상적인 행동을 동반한 고열이라면 좋지 않은 원인으로 생긴 발열일 가능성이 있습니다.

넷째, 무더운 여름에 햇볕을 강하게 쬐고 나서 일사병으로 쓰러진 뒤 발생한 고열은 매우 위험합니다. 하지만 이러한 환경에서 어린아이가 장시간 지낼 가능성은 작으며, 만약 문제가 생기더라도 빨리 알아차릴 수 있습니다. 일사병이 의심된다면 곧바로 병원에 데려가 응급조치를 받아야 합니다.

다섯째, 뭔가 독극물로 의심되는 것을 섭취한 경우에 고열이 생길 수 있습니다. 이때는 원인을 쉽게 파악할 수 있는데, 흔하게 볼 수 있는 증상은 아니어서 여기서는 그냥 넘어가겠습니다.

여섯째, 태어난 지 석 달 이하 신생아는 분만 과정에서 생긴 감염이 고열의 원인일 수 있습니다. 신생아의 발열은 흔치 않은 증상이므로 만일 신생아가 열이 난다면 다른 문제는 없는지 병원 진찰을 받아봐야 합니다.

위와 같이 몇 가지 위급 증상의 기준만 알고 있어도 조금 더 편안한 마음으로 아이가 병을 이겨낼 때까지 기다릴 수 있을 것입니다.

발열(發熱)과 발한(發汗)

'발(發)'이라는 한자의 뜻은 무엇을 의도적으로 발생하게 한다는 뜻입니다. 발열(發熱)과 발한(發汗)은 어떤 목적에 의해 열이 나게 하고, 땀이 나게 한다는 뜻입니다.

열이 저절로 나고 땀이 스스로 난다는 말과는 큰 차이가 있습니다. 한의학에서는 이런 경우 신열(身熱, 몸에 나는 열), 자한(自汗, 가만히 있어도 저절로 줄줄 흐르는 땀) 등의 말로 구분합니다.

우리 몸은 감기에 걸리면 체내의 면역력을 높여 병을 이겨내기 위해 체온을 올립니다. 체온을 올리기 위해 인체는 정상 체온 설정을 36.5도에서 38.5도로 높여버립니다. 추운 겨울에 집 안에 있다가 밖에 나가면 춥다고 느끼듯이, 체온 설정이 높아지면 우리 몸은 추위를 느낍니다. 그래서 으슬으슬 추운 느낌, 즉 오한(惡寒)이 생깁니다.

감기에 걸리면 가장 먼저 으슬으슬한 느낌이 듭니다. 우리 몸이 감기를 이겨내기 위해 열을 내는 것이죠. 그리고 목표까지 체온을 올려 몸에 침입한 외부의 적을 이겨낸 다음 땀을 내서 열이 내리도록 만듭니다.

이처럼 발열과 발한은 병을 빨리 이겨내기 위한 신체의 노력인 셈이죠. 이와 같이 정상적인 과정으로 병을 이겨냈을 때 우리 몸은 가장 건강한 상태가 됩니다. 아이의 경우 키가 쑥쑥 크거나 성장 발달이 한 단계 더 진행되기도 하고, 성인의 경우라면 몸이 매우 가볍고 맑아지는 느낌이 됩니다.

이러한 일련의 과정이 정상적으로 지나가야 하는데 우리는 중간에 자꾸 간섭합니다. 해열제로 열을 억지로 내리려 하거나 항히스타민제, 항생제 등으로 신체 반응을 억제하려고 합니다.

콧물이 안 보이면 무조건 좋아진 걸까?

부모님들은 흔히 콧물이 보이면 나쁜 것, 안 보이면 좋은 것이라고 생각합니다. 치료가 잘 되어서 콧물이 없어진 것이라면 좋아진 게 맞습니다. 하지만 콧물이 분명 있는데 눈에만 안 보이는 것이라면 오히려 나빠진 것일 수도 있습니다. 콧물감기에서 치료가 잘 되는지, 상태가 좋아지고 있는지는 콧물의 색깔과 콧물의 위치로 알 수 있습니다.

감기에 처음 걸렸을 때를 생각해볼까요? 콧물이 무슨 색이죠? 보통은 맑은 색입니다. 열이 나면서 혹은 감기가 오래되면서 콧물 색깔이 점차 탁해지고 걸쭉해지면서 노란색으로 변합니다.

카레 끓일 때를 생각해보겠습니다. 물에 카레를 섞어서 끓이면 처음에는 물처럼 잘 흐르지만, 한참 끓이다 보면 졸아들고 유동성이 감소합니다. 콧물도 마찬가지입니다. 발열을 동반하거나 콧물이 만성으로 진행될수록, 또 축농증으로 악화될수록 콧물 색깔이 더 진해지고, 탁해지며, 유동성도 감소합니다.

양약에서는 콧물감기에 항히스타민제를 주로 처방하는데, 약을 복용하면 대개 콧물이 줄어들거나 보이지 않습니다. 그런데 코 안을 들여다보면 콧물이 없어진 게 아니라 탁해져서 졸아들었음을 알 수 있습니다. 콧물이 코 안 깊숙이 들어가 숨어버린 것이죠. 이러한 상태가 지속되고 항생제까지 복용하다 보면 코 안 면역력이 저하되어 축농증이나 중이염으로 악화되기도 합니다.

아이가 콧물을 흘릴 때 부모님들이 꼭 살펴야 할 것은 콧물이 보이느냐, 보이지 않느냐가 아닙니다. 콧물이 흐르느냐, 흐르지 않느냐 역시 호전 여부를 알 수 있는 기준이 아닙니다. 콧물이 맑아지면서 코 밑으로 흘러내리는지, 탁해지면서 코 내부로 깊이 들어가는지가 더욱 중요한 관찰 대상입니다.

언제 콧물이 흐르는지가 중요

어린이는 성인보다 콧물 분비량이 많습니다. 코 점막을 촉촉하게 적셔주기 위해서입니다. 이것이 정상적인 모습입니다. 부모님들 어릴 때를 생각해보면 콧물을 흘리며 돌아다니는 아이들이 많았고, 어린이집이나 유치원에 갈 때 가슴에 손수건을 달기도 했을 겁니다.

아침에 일어난 후 한 시간 이내에 흘리는 콧물은 아무리 심해도 그냥 무시하고 넘어가도 괜찮습니다. 자는 동안 분비된 코 점액이 코 내부에 고여있게 되는데, 이 콧물이 자고 일어나면 빠져나가야 하기 때문입니다. 자는 동안 콧물이 코 내부에 고여있으면서 졸아들어 콧물 색깔이 진해지고 끈적끈적해집니다.

그래서 아침에 보이는 콧물은 상태가 좋지 않아 보입니다. 코로 나오면 탁하고 누런 콧물로 보이고, 목 뒤로 넘어가면 걸걸한 가래기침으로 나타납니다. 끈적끈적해서 잘 뱉어지지 않으니 토할 것 같은 심한 기침을 하거나 실제로 토하기도 합니다.

이렇게 겉보기에 심하다 보니 부모님들은 감기가 악화되었다고 생각하고 병원으로 달려갑니다. 하지만 아침에는 심해도 낮에는 콧물이 별로 없고, 코를 풀어도 맑은 콧물만 조금 보인다면 정상 범위이거나, 콧물감기라도 나쁘지 않은 상태입니다.

어른은 콧물이 있을 때 코를 풀거나, 목 뒤로 콧물을 빨아들여 가래로 뱉어낼 수 있습니다. 그런데 어릴수록 이런 방법으로 콧물을 배출하기 어렵습니다. 그래서 아이들은 콧물과 기침이 유독 많아 보이고 힘들어할 수밖에 없습니다.

낮에 흐르는 콧물이 노란색이거나 탁하다면 정상적인 콧물이 아닙니다. 콧물이 투명해지는 것이 확인될 때까지 적절한 치료가 필요합니다. 물론 아침이 아닌 낮을 기준으로 해야 합니다.

기침도 콧물과 마찬가지로 아침에 일어나서 하는 기침은 아무리 심해도 일단 무시해도 됩니다. 낮에 기침을 별로 하지 않는다면 아침에는 콧물이 목 뒤로 넘어가면서 생기는 후비루(後鼻漏) 기침임을 의미하기 때문입니다.

어떻게 하면
감기가 빨리 나을까?

감기에 걸려 아파하고 힘들어하는 아이를 보면 하루라도 빨리 낫게 하고 싶은 게 부모 마음입니다. 하지만 빨리 낫게 하려는 노력이 자칫 병을 악화시키는 요인이 될 수 있음을 명심해야 합니다. '몰라서 그랬다'는 변명은 아이에게 아무 도움이 되지 않습니다.

예를 들어, 아이가 오들오들 떨고 있는데 부모가 열을 내린다며 물이나 알코올 등으로 아이 몸을 닦아주는 일, 아이 몸이 면역력과 저항력을 높이기 위해 알아서 체온을 올리고 있는데 항생제와 해열제를 열심히 먹이는 일, 소화 장애일지도 모르는데 잘 먹어야 낫는다고 기름진 음식을 잔뜩 먹이는 일 등은 감기에 걸린 아이에게 조금도 도움이 되지 않습니다. 차라리 아무것도 하지 않고 가만히 두는 것이 더 빨리 낫게 도와주는 방법입니다.

아이가 빨리 낫기를 진심으로 원한다면 아이 몸이 정말 원하고 있는 것이 무엇인지 잘 살펴봐야 합니다.

- **아이가 오한을 느끼며 춥다고 하나요?** 체온을 올리기 위해, 열을 내기 위해 그런 것이니 몸을 더 따뜻하게 해주세요.
- **덥다고 하나요?** 이불을 덮어주거나 두꺼운 옷을 입히지 말고 적정한 실내 온도만 유지해주세요.
- **땀이 나나요?** 높아진 열을 이제 내리려고 하는 것이니 춥지 않게만 해주세요.
- **목마르다고 하나요?** 따뜻한 보리차를 마시게 해주세요.
- **밥을 먹기 싫어하나요?** 소화기능이 지금은 쉬고 싶다는 신호를 보내는 것이니 억지로 먹이려 하지 말고 그냥 두세요.
- **배가 아프다고 하나요?** 감기뿐 아니라 소화 장애가 겹쳤을 수도 있으니 배를 살살 만져주세요. 이때는 음식을 조심하면서 대변 상태를 관찰하세요.
- **팔다리가 아프다고 하나요?** 팔과 다리에 혈액순환이 잘 안되는 것이니 팔다리를 잘 주물러주세요.

이렇게 아픈 아이의 말과 표현, 행동을 잘 살펴보면 현재 아이 몸이 무엇을 필요로 하는지 알 수 있습니다.

열이 나면서 경련이 생길 때

아이가 열이 나면서 경련이 생기거나 경기를 일으킨다면 놀라지 않을 부모는 없습니다. 경련을 지켜보면서 '아이 뇌와 신체에 어떤 장애를 유발하지 않을까?' 또는 '뇌전증(예전에는 간질이라 부르던 병)이 되는 건 아닐까?' 하며 크게 걱정합니다. 그래서 아이 경기를 경험한 보호자는 열이 나면 해열제부터 찾고 병원에 달려가 약을 한가득 받아옵니다.

아이의 열성 경련은 열이 높아서가 아니라 열이 빠르게 오르는 과정 중에 생깁니다. 또한 단순 감기로 열이 나고 경기를 일으키는 경우라면 이로 인해 아이의 뇌나 신체에 영구적인 손상을 유발하지 않는다는 연구 결과가 있습니다.

이전에 열성 경련이 있었던 어린이는 다음에 열이 급속히 오를 때 경련이 또 나타날 가능성이 큽니다. 하지만 열성 경련 자체를 걱정하기보다 다음 몇 가지 사항을 기억하고 도와주는 것으로 충분합니다.

경기를 일으키는 동안 몸부림치면 날카로운 물건에 부딪치기 쉽습니다. 주변에 날카롭거나 위험한 물건을 치워주세요. 또한 의식 없이 경련을 하는 동안 아이가 혀를 깨물기 쉬우니 이에 손상을 주지 않을 만한 물체를 이 사이에 물려주세요. 그리고 침이나 구토물이 기도를 막아 질식할 수 있으니 옆으로 눕게 하고 침이나 구토물을 제거해주세요.

아이가 경련을 하면 부모는 정말 당황스럽고 두렵습니다. 하지만 조금만 침착하게 마음을 가라앉히고 혀를 깨물거나 질식하지 않도록 도와줘야 합니다. 5분 이내에 경련이 멈춘다면 아이에게 뇌손상이나 후유증이 남을 일은 없으니 걱정하지 않아도 됩니다.

간혹 뇌전증으로 인한 발작은 아닌지 걱정하는 경우가 있는데, 뇌전증 발작은 열이 나지 않는 일상생활에서 일어나므로 열성 경련과는 다릅니다. 또한 열성 경련이 있더라도 뇌전증으로 진행되지 않으니 두려워하지 않아도 됩니다.

만약 단순 감기가 아니라 일사병이나 중독과 같이 특정한 이유가 확인되거나, 뇌수막염이나 뇌염과 같은 특정한 질병이거나, 경련이 5분 이상 지속된다면 그때는 즉시 응급실로 가서 적절한 조치를 받아야 합니다.

감기에 항생제 복용은 이제 그만

항생제는 세균으로 인한 병을 치료합니다. 세균성 폐렴, 세균성 장염 등 병명 앞에 '세균성'이 포함된 세균 감염 질환을 치료하기 위해 항생제를 사용합니다. 서양의학에서는 감기를 바이러스로 인한 질환으로 봅니다. 그런데 세균 감염을 치료하는 항생제를 감기 같은 바이러스로 인한 병에 투여하면 효과가 있을까요? 비유하자면, 수학 성적이 부족한 학생에게 사회 과목 보충수업을 하는 것처럼 효과가 전혀 없습니다.

항생제를 먹어도 그만, 안 먹어도 그만이라면 감기에 걸렸을 때나 열이 날 때 조금 복용해도 상관이 없을 겁니다. 하지만 항생제는 몸속에 침입한 세균을 죽이거나 무력하게 할 뿐 아니라 우리 몸속과 장(腸)에서 활동하고 있는 유익한 세균까지 함께 공격하고 면역력을 약하게 합니다. 이 점이 항생제 복용의 가장 큰 문제입니다. 아픈 아이에게 항생제를 먹였을 때 배가 아프거나 설사하는 모습을 많이 보았을 겁니다.

항생제를 복용했을 때 잠깐 속이 불편하거나 설사만 한다면 큰 문제가 아닐 수 있습니다. 그런데 항생제를 자꾸 사용하다 보면 세균이 항생제에 내성이 생기게 됩니다. 그러면 정작 나중에 세균성 질병으로 항생제가 필요해졌을 때 약이 잘 듣지 않는 문제가 발생합니다.

항생제 처방률의 변화

최근에는 항생제에 관한 인식이 많이 바뀌고 있어 항생제 처방 비율이 많이 줄었습니다. 하지만 아직도 처방 비율이 상당히 높은 편입니다.

건강보험심사평가원 조사 자료에 따르면, 병원에서 감기에 대한 항생제 처방률은 다음과 같습니다.

- 2002년 병원에서 감기에 대한 항생제 처방률 73.3%
- 2012년 병원에서 감기에 대한 항생제 처방률 44.3%
- 2021년 병원에서 감기에 대한 항생제 처방률 35.1%
- 2021년 영유아(0~6세) 감기에 대한 항생제 처방률 38.9%

위 자료를 보면 감기에 항생제 처방률이 10년 만에 73%에서 35%로, 대략 38% 정도 감소하였습니다. 똑같은 감기인데 그동안 무엇이 바뀌어서 항생제 처방률이 줄었을까요? 병원과

의사의 감기 치료에 대한 생각이 바뀐 것이 아니라 우리 아이의 보호자, 즉 부모님들의 생각이 달라졌기 때문입니다. 예전에는 감기 치료 약에는 당연히 항생제가 들어가야 하는 것으로 생각했지만, 지금은 그렇지 않다는 것입니다. 가까운 의사 선생님에게 들었는데, 예전에는 항생제 처방을 꼭 해달라고 했는데, 지금은 꼭 필요한 경우가 아니면 항생제 처방을 빼달라는 부모님이 많다고 합니다.

우리 아이가 아플 때 복용하는 약인데 조금만 관심을 두고 찾아보고 공부하세요. 그리 어렵지 않습니다. 부모님 생각이 달라지면 감기에 아무런 효과가 없는 항생제를 처방하는 의료계 관행이 바뀌게 될 것입니다. 조만간 병원에서 감기에는 항생제 처방을 거의 하지 않는다는 조사 결과가 발표되길 기대해봅니다.

감기에 항생제와 해열제를 자주 복용하면?

아이가 아프면 마음 한구석에 '빨리만 낫는다면 항생제와 해열제, 종합 감기약, 항히스타민제를 먹는다고 해서 무슨 문제가 있을까?'라고 생각할 수 있습니다.

인체 내에는 몸에 해로운 작용을 끼치는 세균뿐 아니라 인체의 활동을 도와주는 유익한 균이 공존하고 있습니다. 그런데 항생제는 나쁜 세균뿐 아니라 인체에 유익한 세균까지 죽이거나 활동을 억제합니다. 나쁜 세균에만 작용한다면 좋은데 체내의 모든 세균에 영향을 미친다는 점이 문제입니다.

특히 소화기관과 장에 있는 유익한 균에도 영향을 미쳐 소화장애가 생기고 소화기능이 저하됩니다. 그래서 항생제를 많이 복용한 어린이일수록 소화기능이 약해 밥을 잘 먹지 않고 마른 체형인 경우가 많으며, 항상 기운이 없고 활동력이 부족한 상태가 됩니다. 게다가 항생제를 자꾸 복용하게 되면 세균이 항생제에 내성이 생겨 나중에 정작 항생제가 필요할 때 치료 효과를 얻을 수 없습니다.

위급 증상이 아닌데도 열이 난다고 해열제를 복용하면 체온을 높여 면역력을 강화하려는 신체의 노력이 허사로 돌아갑니다. 해열제로 인해 일시적으로 열이 떨어지지만 약 효과가 떨어지면 인체는 다시 체온을 올리려고 시도합니다. 그래서 해열제를 복용한 이후 얼마의 시간이 지나면 열이 오르는 것입니다. 병을 이기려고 체온을 높이려 했던 노력이 해열제에 의해 물거품이 되는 과정이 반복되면, 인체는 더 이상 체온을 높여 병을 이기려는 노력을 하지 않게 됩니다.

이러한 결과로 열은 더 나지 않을 수 있지만 면역력이 저하되어 만성 감기로 진행하게 되고, 병에 대한 인체의 저항력이 약해지면서 중이염, 폐렴, 기관지염과 같은 병으로 진행할 가능성이 커집니다. 또한 소화기능에 나쁜 영향을 주면서 밥을 잘 먹지 않게 됩니다. 그러면 음식을 통한 영양분의 흡수와 공급이 부족해져 아이의 성장 발달이 늦어질 수 있습니다.

외국의
항생제 처방 사례

외국에서 감기 진료를 받아본 적이 없기에 제 경험을 말씀드릴 수는 없습니다. 하지만 선진국일수록 감기에 걸렸다고, 열이 난다고 무조건 항생제, 해열진통제, 기침약, 가래약, 항히스타민제와 같은 약을 처방하지 않는다는 것이 사실입니다. 감기 처방에 대해 외국의 의사와 의약단체에서 발표한 내용과 연구 결과를 살펴보겠습니다.

- "일반적인 감기와 독감은 박테리아가 아닌 바이러스 감염이 원인이며, 이에 따라 세균에 대항할 수 있는 항생제를 바이러스로 인한 감기나 독감에 처방하는 것은 아무런 소용이 없습니다."

  - 볼프 폰 뢰머(독일 내과 전문의 협회 회장)

- "일반 감기에 항생제를 사용하면 절대 안 됩니다. 그것은 아주

치명적입니다."

- 미힐 반 아흐트말(네덜란드 자유대학병원 내과)

• "감기약에 포함된 항히스타민제, 기침약, 가래약, 충혈완화제 등을 2세 미만의 영유아가 복용할 경우, 사망과 발작 그리고 호흡이 거칠어지고 의식이 흐려질 수 있는 치명적인 부작용이 생길 수 있다."

- FDA(미국식품의약청)

2008년도에 EBS 다큐 〈프라임〉에서 '감기'에 관한 주제로 방영된 내용을 보면, 우리나라 병원에서 처방한 감기약을 들고 외국 의사에게 보여주니 항생제가 들어있다는 사실에 놀라움을 감추지 못했습니다. 한국에서 처방한 감기약 중 단 한 개의 약도 자신의 딸에게는 절대 먹이지 않겠다며 경고의 메시지를 전하기도 했습니다.

분당서울대학병원 감염내과 김의석 교수는 "항생제 처방은 감기에 도움이 된다는 증거가 없고, 항생제로 인한 부작용은 증가했다."는 연구 결과를 발표하기도 했습니다.

감기는 서둘러 치료해야 하는 질병인가?

열이 오르는 것이 면역력을 높이기 위해 우리 몸이 하는 최선의 노력임을 알게 되면, 감기는 치료해야 하는 질병이 아니라 나을 수 있도록 도와주어야 하는 증상임을 이해할 수 있게 됩니다.

서양의학, 특히 우리나라에서는 감기를 항생제, 해열제, 항히스타민제, 기침약, 가래약과 같은 양약으로 치료해야 하는 대상으로 봅니다. 그래서 증상을 강제로 억누르거나 제거하는 데 도움이 되는 약을 처방합니다.

감기에 걸렸다가 완전히 나으려면 감기에 걸려서 나타나는 증상과 일련의 과정을 전부 끝내야 합니다. 처음 열이 나면서부터 진행되는 감기의 과정을 잘 마친 어린이는 그 뒤에 콧물이나 기침 등이 남지 않고 정상 상태로 돌아갑니다. 그런데 중간에 자꾸 감기의 진행 과정을 방해하는 해열제를 복용하면 열이 내렸다 올랐다를 반복하면서 결과적으로 열이 더 오래가고,

감기가 완전히 나을 때까지 시간이 훨씬 더 오래 걸립니다.

감기에 걸렸을 때는 콩나물국에 고춧가루를 풀어서 먹으면 빨리 낫는다는 어른들의 말을 들어본 적이 있을 겁니다. 인체가 면역력을 높이기 위해 체온을 높이려 할 때, 따뜻한 국물과 고춧가루를 이용해 체온이 조금 더 쉽게 올라가게 하여 감기의 진행 과정을 단축시키고 감기 기운을 이겨내게 하려는 방법인 듯합니다. 민간요법이라고 그냥 흘려버릴 말은 아닙니다. 다만, 앞에서 이야기했듯이 다른 내과적 소견이나 합병증이 없는 단순 초기 감기 증상일 때라는 전제조건이 있어야 합니다.

이 방법은 의사를 만나기 어려웠던 시절에 사용했던 민간요법이어서 모든 감기에 도움이 되지는 않습니다. 지금은 한의원도 없는 지역이 없을 만큼 많아 편하게 진료받을 수 있고, 단계에 맞는 한약 처방을 통해 더 효율적으로 감기가 나을 수 있도록 도와줄 수 있기에 검증되지 않은 민간요법을 굳이 고집할 필요가 없습니다.

한의학에서는 감기를 치료해서 없애야 하는 대상으로 보지 않고, 감기라고 하는 하나의 과정을 원활히 진행하게 하여 기간이 단축될 수 있게 도와주는 치료를 합니다. 강제로 열을 떨어지게 하거나 증상의 발생을 억누르지 않습니다.

또한 같은 감기 처방도 체력 상태, 땀의 유무, 소화기능과 대변 상태, 콧물과 인후통증 등 몸 상태에 따라 약재의 가감을 세밀하게 합니다. 증상에 따라, 상태에 따라 처방의 방향이 달라지므로 계지탕, 마황탕, 소청룡탕, 쌍화탕 등과 같이 다양한 감기 처방이 있습니다.

병원에서는 약 이름이 조금씩 다르긴 해도 결국은 감기에 걸렸을 때 염증이 보이면 항생제, 열나면 해열제, 기침하면 기침약, 가래가 있으면 가래약, 콧물이 흐르면 항히스타민제, 이렇게 증상 개선을 위한 약을 처방합니다. 이 점이 한방과 양방의 근본적인 차이점입니다.

감기 예방하는 생활습관

두한족열
- 머리는 차고 발은 따뜻하게

감기에 쉽게 걸리는 조건은 누구나 잘 알고 있습니다. 피로가 쌓이면서 찬 공기에 노출되는 상황이 감기를 부릅니다. 이러한 환경은 기본적으로 피하고 조심해야 합니다. 이것 말고도 감기를 유발하는 조건은 많습니다. 지금부터 감기 예방 방법에 대해 살펴보겠습니다.

17세기 네덜란드에 헤르만 부르하버(Hermann Boerhaave)라는 유명한 의사가 있었습니다. 그가 죽은 뒤 《의학에서 가장 유일하고 심오한 비밀》이라는 제목의 책이 발견되었습니다. 밀봉된 채 세상에 알려진 이 책은 경매에 붙여졌고, 아주 고가에 낙찰됩니다. 책을 구입한 사람은 두근거리는 마음으로 책을 펼쳐보았는데 매우 당황했습니다. 한 페이지에 적힌 단 두 문장을 제외하면 백지였거든요. 그 문장은 다음과 같습니다.

“당신의 머리는 차게 하고 발은 따뜻하게 하라. 그러면 당신은 건강하게 지낼 수 있고, 의사는 할 일이 없어지게 될 것이다.”

우리나라에서는 '두한족열(頭寒足熱)'이라고 하며, 이미 수천 년 전부터 알고 있던 내용입니다. 온돌방과 반신욕 등이 머리를 차게 하고 발을 따뜻하게 할 수 있는 생활습관입니다.

시간이 날 때 간단한 실험을 한번 해보세요. 먼저 양말을 벗고 찬물에 발을 담그거나 찬 바닥에 발을 대고 있어 보세요. 몇 분 지나지 않아 코가 막히고 맑은 콧물이 나오면서 재채기를 시작할 것입니다. 이번엔 따뜻한 물에 발을 담그거나 반신욕을 해보세요. 그러면 얼마 지나지 않아 막혔던 코가 뚫리고 콧물이 없어질 것입니다.

배도 마찬가지입니다. 배가 냉(冷)하면 쉽게 배탈이 나고 감기에도 쉽게 걸리며 잘 낫지 않습니다. 그래서 찬 음식을 피하고, 찬 공기에 배를 노출하지 말아야 하고, 찬 바닥에 앉는 것도 피해야 합니다.

감기에 쉽게 걸리는 생활습관이 하나 더 있습니다. 머리를 감은 뒤 잘 말리지 않은 채, 축축한 상태로 외출하거나 잠자리에 드는 것입니다. 머리카락에 남아있던 물기가 증발하면서 체온을 많이 빼앗아갑니다. 그렇지 않아도 체열 손실이 많은 목 부위 체온을 내려가게 하면서 감기에 걸리기 쉬운 조건이 하나 만들어집니다. 머리를 감고 나면 반드시 잘 말려주는 것을 잊지 마세요.

잘 때는 배와 발을 따뜻하게

아이가 곤히 자고 있는 모습을 보고 있으면 천사가 따로 없습니다. 잘 때 춥지 말라고 이불을 잘 덮어주지만, 잠시 후에 가보면 이불은 저 멀리 있기 일쑤입니다. 게다가 콧물을 훌쩍거리고 기침까지 합니다. 그 모습을 보는 부모님 마음은 불편합니다. 그렇다고 아이가 자는 내내 옆에서 이불을 덮어줄 수도 없고, 이럴 때는 어떻게 해야 하는지 많은 부모님들이 묻습니다.

앞에 설명한 두한족열을 응용하면 됩니다. 아이의 배와 발을 따뜻하게 해주세요. 아이가 자면서 이불을 차버린다면 다시 이불을 덮어주려 애쓰지 마세요. 배와 발 부위만 따뜻하게 해줘도 감기에 걸릴 위험이 낮아지고 실제 콧물, 기침 등의 감기 증상이 있을 때 치료에 큰 도움이 됩니다. 특히 양말을 신거나 다른 방법으로 발을 따뜻하게 하면서 치료하는 경우와 그렇지 않은 경우를 비교해보면 치료 효과에 큰 차이가 있습니다. 실내에서 잘 때는 배와 발만 따뜻해도 충분합니다.

그러면 배와 발을 따뜻하게 하려면 어떻게 해야 할까요?

먼저 배 부위를 따뜻하게 해주려면 잠옷 윗옷을 바지 밖으로 빼지 말고 바지 안으로 넣어주세요. 그럼 아이가 몸부림쳐도 배가 외부 공기에 노출되지 않습니다. 그리고 발에는 양말을 신겨주세요. 양말이 답답하다고 잠들기 전에 벗을 수도 있으니 싫다고 하면 잠이 든 뒤에 신겨주세요. 발을 조이지 않는 편안한 면양말이나 수면양말이 좋습니다.

이렇게 배와 발만 따뜻하게 해주고, 잠옷이나 내복은 계절에 맞게 입혀서 재우면 됩니다. 이불은 덮어주되 아이가 자면서 차버리면 그냥 두세요. 평소에 이런 생활습관을 잘 지킨다면 감기에 걸렸을 때 낫는 것도 훨씬 빠르고, 감기에 걸리는 일도 많이 줄어듭니다.

잘 때 땀이 나지 않아야 한다

낮에 활동하면서 높아진 체온을 낮추기 위해 나는 땀은 아무 문제가 없습니다. 하지만 밤에 자는 동안 흘리는 땀은 아이뿐 아니라 성인에게도 좋지 않습니다.

밤에 자는 동안에는 신체활동이 최소한으로 감소하며, 낮보다 체온이 낮아집니다. 이런 상태에서 땀이 나면, 땀이 식으면서 체온과 에너지를 많이 빼앗아갑니다. 젖은 옷을 입으면 체온이 쉽게 떨어져 감기에 걸리는 것처럼, 밤에 땀이 나면 옷과 이불이 축축해지고 체온이 떨어지면서 감기에 걸리기 쉬운 환경이 됩니다. 아이가 감기에 자주 걸리거나 한번 감기에 걸리면 잘 낫지 않는다면 밤에 자는 동안 땀이 나는 것은 아닌지 꼭 살펴봐야 합니다.

아이는 어른보다 체온이 높아서 부모님이 보기에 적정한 실내 온도여도 아이 몸이 느끼기에는 더울 가능성이 큽니다. 게다가 아이들이 감기 걸리지 않게 한다고 따뜻한 잠옷에 이불까지 꼭꼭 덮어줍니다. 그러면 아이는 더운 것을 느끼기 전에 잠이 들면서 자는 동안 땀을 흘리게 됩니다.

아이가 아픈 데 없고 건강한데 잘 때 땀을 흘린다면 온도를 조금씩 낮춰보세요. 0.5도씩 실내 온도를 내리는 것입니다. 예를 들어, 실내 온도가 22도였는데 잘 때 땀이 났다면 다음날은 21.5도, 그래도 땀이 난다면 다음날에는 21도. 이렇게 조금씩 내려가면서 땀이 나지 않는 온도를 찾아주세요.

부모님은 좀 추운 듯 느껴지는 실내 온도가 아이에게 맞는 환경일 수도 있습니다. 부모님이 아닌 아이가 기준이 되어야 합니다.

아이에게 적정한 실내 온도가 몇 도인지 정해진 것은 없습니다. 밤에 자는 동안 땀이 나는지 살펴보세요. 땀이 난다면 배와 발은 따뜻하게 해주면서 적당한 실내 온도를 찾아 유지해주는 것이 반드시 필요합니다.

적정한 습도 유지

실내 온도 못지않게 중요한 것이 바로 적정한 습도 유지입니다. 우리나라는 여름에는 습하고 겨울에는 건조합니다. 적정한 습도를 유지하지 못해 건조한 상태가 되면 코와 목, 기관지, 폐로 연결되는 상기도의 점막이 쉽게 건조해져서 감기에 걸릴 가능성이 커집니다. 건강하고 최상의 컨디션이라면 실내가 건조한 상황에서도 충분한 점액이 분비되어 상기도 점막을 건조하지 않게 유지할 수 있지만, 피로하거나 정상적인 컨디션이 아니라면 상기도 점막을 충분히 적셔줄 수 없어서 감기에 걸리기 쉽습니다.

그러면 습도 조절을 어떻게 하면 좋을까요? 가장 쉬운 방법은 가습기를 활용하는 것입니다. 가습기로 습도 조절할 때 반드시 주의해야 할 사항이 몇 가지 있습니다.

첫째, 가습기를 사용해본 분은 잘 알겠지만 물통 청소하기가 여간 귀찮은 일이 아니며, 실제 깨끗하게 청소하기도 쉽지 않습니다. 청소 상태가 불량한 가습기 내부는 세균이 번식하기에 아주 좋은 환경입니다. 그래서 가습기를 사용할 때는 매일 가습기를 청소해주어야 합니다.

둘째, 차가운 가습보다는 가열 방식의 따뜻한 가습이 좋습니다. 지금은 사라진 지 오래지만 예전에는 학교 교실 가운데에 난로가 있었고, 그 난로 위에 물주전자를 올려놓아 따뜻한 가습이 되도록 했습니다. 커다란 교실이 난로 하나로 훈훈할 수 있었던 이유는 따뜻한 가습이 동반되었던 덕분입니다. 차가운 수증기는 방 온도를 낮출 뿐 아니라 폐와 기관지에 매우 좋지 않은 영향을 미칩니다. 새벽에 차가운 안개가 끼었을 때 가급적 실외 운동을 삼가야 하는 이치와 같습니다. 가습기를 사용한다면 가열 방식의 따뜻한 수증기를 이용해 적정 습도를 유지해주세요. 가열식 가습기가 방안 온도 유지에도 도움이 되며 코와 기관지, 폐를 촉촉하게 해주므로 어린이 감기 예방에 매우 좋습니다.

셋째, 너무 오랜 시간 가습기를 틀어놓아 습도가 오히려 너무 높아지면 좋지 않습니다. 가습기를 계속 틀어놓기보다 실내가 너무 건조하지 않을 정도로 일정 시간 틀었다 껐다 반복하면서 사용하는 게 좋습니다.

가습기를 사용하지 않는 가정에 추천할 수 있는 방법은 오후에 빨래해서 저녁 시간 실내에 널어놓는 것입니다. 이러면 자연스럽게 습도 조절이 됩니다. 가습기 내부 세균 번식을 걱정하지 않아도 되니, 가습기 청소가 귀찮은 분들에게 좋은 대안이 될 것입니다.

가정에 습도계 하나씩 준비해서 가을 겨울처럼 건조한 시기에 늘 실내 습도를 살펴보세요. 항상 적정한 실내 습도를 유지할 수 있도록 신경 쓴다면 감기에 걸리는 빈도를 많이 줄일 수 있고, 만성 기침으로 진행하는 것도 막을 수 있습니다.

마스크 쓰기

2020년부터 유행한 코로나로 많은 사람들이 마스크를 착용하게 되면서 감기 환자가 급격하게 줄었다는 소식이 전해졌습니다. 마스크를 통해 감기 바이러스 전파가 차단되었기 때문입니다.

마스크는 단순히 감기 전파와 감염을 막는 역할만 하는 것은 아닙니다. 마스크를 착용하면 쌀쌀한 아침 공기가 코를 거쳐 폐와 기관지로 직접 들어가지 않고 한 번 따뜻하게 덥힌 공기가 들어가게 됩니다. 또한 마스크 덕분에 건조한 공기에 습도가 더해져 호흡기로 들어가게 됩니다.

알레르기성 비염이 있거나 콧물감기에 걸린 상태라면 주로 아침에 재채기나 콧물이 많습니다. 특히 유치원이나 학교에 가기 위해 집을 나선 직후 심해지는 경향이 있습니다. 그 이유는 집안과 밖의 온도 차이 때문입니다. 실내 온도가 일정하게 유지된 집안에서 지내다가 갑자기 차가운 바깥 공기를 쐬면 코가 과민반응을 하게 되어 재채기나 맑은 콧물이 납니다. 잠에서 깬 후 인체가 외부 환경에 적응하기까지는 시간이 걸립니다. 적응이 안 된 상태에서 차고 건조한 공기가 갑자기 코를 거쳐 기관지, 폐로 들어가니 우리 몸이 깜짝 놀랄 만도 합니다.

아침에 심해지는 비염과 콧물감기를 줄이고자 할 때 마스크가 도움이 됩니다. 콧물감기나 비염이 심하면 아침에 집을 나와서 실내에 들어가기 전까지 마스크를 착용하거나, 집안에서 밖으로 나갈 때 신체가 외부 온도와 환경에 적응할 때까지 잠시 동안만 마스크를 사용해도 코로 인해 생기는 불편이 훨씬 줄어듭니다.

목도리로
목 따뜻하게 하기

인체의 목 뒷부분에는 '바람 풍(風)' 한자가 들어간 경혈이 몇 개 있습니다. 풍지(風池), 풍부(風府), 풍문(風門) 등으로 불리는데, 그곳으로 찬 기운이 들어오면 감기에 걸리는 것으로 보았기에 경혈 이름에 '풍'이 붙었다고 합니다.

목을 따뜻하게 했을 때와 그렇게 하지 않았을 때를 적외선 체열 진단기로 비교해서 체온 분포를 살펴보면, 단순히 목만 더 따뜻하게 했을 뿐인데도 체감온도가 2~5도 정도 더 높게 나타납니다. 목 부위에는 뇌로 혈액을 공급하는 경동맥이 지나가기에 목이 차면 혈관이 수축되고 뇌로 전달되는 혈액량이 감소하여 체온을 조절하는 기능이 떨어집니다. 옷 입은 상태로 외부에 노출된 신체 가운데 목이 체온을 가장 많이 뺏기는 부위라고 합니다.

추운 겨울에는 항상 목도리로 목을 따뜻하게 해주세요. 감기에 걸렸다면 더 목을 따뜻하게 해야 합니다. 목도리를 이용하면 체온 손실을 줄이고 감기에 걸릴 확률을 낮출 수 있습니다.

11장

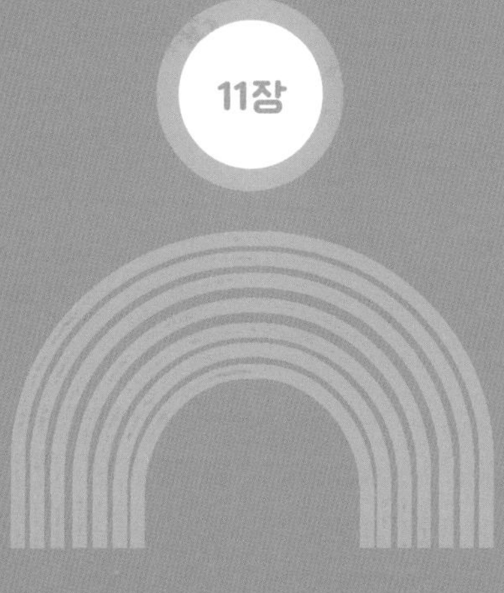

기침이 심할 때

기침이 언제 심하고 언제 덜한지가 중요하다

기침을 심하게 하는 아이를 보면 마음이 아픕니다. 기침하다가 토하기도 합니다. 하지만 겉보기에 기침이 심하더라도 몇 가지만 주의해서 본다면 걱정해야 할 기침인지 아닌지, 기침의 원인이 무엇이기에 잘 낫지 않는지 확인할 수 있습니다. 기침할 때 가장 중요하게 보아야 할 점은 언제 기침을 하는지와 어느 부위에서 기침이 나오는지 입니다. 언제, 어디서든 이 두 가지 상황을 확인하면 기침의 원인을 알 수 있고, 병원에서 검사해야 하는 기침인지 아닌지 부모님도 판단할 수 있습니다.

감기 때문에 내원한 어린이를 진찰하다 보면 함께 온 부모님이 이런 표현을 자주 합니다.

"우리 아이가 밤에 기침을 너무 심하게 해서 잠도 못 잤어요."

"아침에 일어났는데 노란 가래가 나오는 기침을 심하게 했어요."

"낮부터 자기 전까지는 괜찮다가 아침만 되면 탁한 기침이 심하고 재채기에 콧물도 많이 나와요."

그런데 이런 기침을 하는 어린이를 진찰해보면 정작 코와 목에 별다른 이상이 보이지 않거나 맑은 콧물만 조금 보이는 경우가 많습니다. 증상이 매우 심하다고 생각해서 내원했는데 진찰 결과 별로 심하지 않다고 설명하니 부모님은 어리둥절할 수밖에 없습니다. 그러니 언제 증상이 심한지 꼭 먼저 확인해보아야 합니다.

인체는 코뿐 아니라 상기도를 촉촉하게 해주는 점액이 일정하게 분비되고, 어린이는 어른보다 코 점액 분비량이 많다고 앞에서 설명드렸습니다. 밤에 자는 동안에도 적정량의 콧물과 점액이 분비됩니다. 자는 동안 누워있으면 코를 촉촉하게 하려고 분비된 콧물이 코 깊은 곳과 목의 연결 부위에 고여있게 됩니다. 밤에 자는 긴 시간 동안 콧물과 점액이 고여있으면 맑은 색 콧물과 점액이라 해도 색깔이 탁해지고 진해집니다.

이제 잠에서 깨어나 일어났다면 코와 목 뒤에 고여있던 분비물이 빠져나가야 합니다. 빠져나갈 곳은 코와 목 말고는 없습니다. 성인은 코를 풀거나 목 뒤로 콧물을 넘겨 가래로 뱉을 수 있지만, 어린이는 쉽지 않습니다. 누워있다가 일어나면 목 뒤에 고여있던 콧물이 목 뒤로 흘러 내려갑니다. 이때 굉장히 탁하고 듣기 싫은 가래기침을 연달아서 하게 됩니다.

즉, 아침에 일어난 후 1시간 이내에는 콧물과 기침이 조금 심하더라도 '크게 나쁜 것이 아닐 수 있구나, 정상적인 모습일 수 있구나' 하고 여유 있게 기다려보세요. 새벽녘과 아침에는 기침이 심하고, 토할 것 같은 느낌이 들기도 하고, 실제로 토하기도 하지만, 낮에는 확연하게 기침이 줄어든다면 콧물이 원인이지, 폐와 기관지 문제는 아니라는 뜻입니다. 그런 시간과 과정이 지난 후에도 계속해서 콧물과 기침이 나온다면 비정상적인 감기 증상일 수 있고, 가슴에서 컹컹 울리는 기침 소리가 밤과 낮에도 비슷하게 나타난다면 폐와 기관지 쪽 문제를 의심할 수 있습니다.

기침 소리가 어디에서 나오는지 구별해야

기침 소리를 주의 깊게 듣다 보면 기침의 원인이 무엇인지, 심각한 문제인지 아닌지 어렵지 않게 구별할 수 있습니다.

목에서 생기면서 걸걸하고 탁한 기침 소리

기침이 심하더라도 '쿨럭쿨럭' 하는 탁한 기침이거나 가래가 많이 낀 듯한 소리가 목에서 난다면, 그리고 특정한 시간에 심해지고 그 외 시간에는 별로 없다면 콧물이 원인입니다. 후비루(後鼻漏)로 인해 콧물이 목 뒤로 넘어가면서 생기는 기침이기 때문입니다. 앞에서 설명한 것처럼 누워있을 때나 누워있다 일어난 직후에 심해지는 경향이 있습니다. 기침 소리가 굉장히 듣기 싫고 심하게 느껴지는 경우가 많지만, 정작 폐와 기관지를 검사해도 이상이 없습니다. 원인이 단순하게 콧물이기 때문입니다.

목에서 생기면서 마른 헛기침 소리

이때는 할아버지가 헛기침하는 것과 같은 소리가 납니다. 기침 소리를 들어보면 유발 부위가 목 부위인 것이 비교적 쉽게 확인됩니다. 기침 소리가 있는 듯 없는 듯 심하지 않고, 목에 이물질이 끼어있는 것 같다는 표현을 하기도 합니다. 부어있는 목이 무의식적으로 뱉으려는 반응을 하다 보니 마치 가래를 뱉으려고 하는 기침처럼 헛기침이 나오게 됩니다. 주로 감기가 오래되면서 인후에 염증이 남아있거나, 피곤해서 편도가 부어있을 때 많이 보입니다.

가슴에서부터 컹컹 울리는 기침 소리

초기에는 기침 소리가 그리 심하지 않았는데 가슴에서 나오는 컹컹 울리는 소리가 들립니다. 그리고 기침이 일정하게 지속적으로 나타납니다. 병원에 들어와서부터 진료하는 동안에도 계속 기침 소리가 들립니다. 이런 경우는 초기 감기 증상이 폐와 기관지 문제로 진행하고 있음을 알려주는 신호입니다. 여기서 증상이 심해지면 호흡곤란이나 심한 가래, 흉통, 천명 등의 증상도 보일 것입니다.

단순히 기침이 심하냐, 덜 심하냐로 판단하지 말고 앞에서 설명한 것처럼 기침을 유발하는 부위, 기침의 탁한 정도, 기침이 심해지고 덜해지는 시기 등에 따라 기침의 현재 상황을 파악해야 합니다. '평소처럼 기침하네'라고 그냥 지나치지 말고, 앞에서 설명한 몇 가지 구별점을 염두에 두고 기침 소리를 들어보면 부모님도 어렵지 않게 아이의 현재 상태를 파악할 수 있습니다.

급성 폐렴과 급성 기관지염

아이가 감기에 걸려 열이 나더니 콧물을 흘리고 기침을 합니다. 그런데 감기에 걸린 지 하루도 지나지 않아 기침 소리가 평소 감기 걸렸을 때 기침과 다릅니다. 기침이 목이 아닌 가슴에서 컹컹거리는 소리로 나오고, '그르렁' 하는 가래 섞인 숨소리가 들립니다. 등에 손을 대보니 뭔가 걸리는 숨소리가 느껴집니다. 숨쉬기 불편해하면서 때로는 노란색 진한 가래도 뱉어냅니다.

이 경우는 처음부터 폐나 기관지에 염증이 생긴 급성 증상일 가능성이 있습니다. 일단 엑스레이 검사를 통해 폐나 기관지에 염증이 있는지 확인해야 합니다. 특히 폐렴에 자주 걸리는 어린이라면 가능성이 더 큽니다. 세균 감염으로 인한 급성 폐렴이나 기관지염이라면, 게다가 고열을 동반한 경우라면 입원 치료를 통해 항생제와 수액 주사의 도움을 받고 합병증이 생기는지 관찰해야 합니다.

만성 폐렴과 만성 기관지염

급성 증상이 아닌 만성 폐렴이나 기관지염은 다음의 두 가지를 생각해볼 수 있습니다.

첫째, 급성 폐렴이나 기관지염이 낫지 않아 만성으로 진행하는 경우입니다. 전적으로 외부 세균 감염이 원인이라면 안정을 취하면서 항생제를 복용했을 때 치료가 잘 마무리되었어야 합니다. 그런데 급성기를 지나 만성으로 넘어갔다면 항생제를 계속 복용해야 할지, 말지에 대한 정확한 판단이 필요합니다. 세균 감염을 폐렴의 원인으로 보고 세균을 죽이는 항생제를 복용했음에도 폐렴이나 기관지염이 낫지 않는다면, 단순히 세균 문제로만 볼 수 없습니다. 면역력이 떨어져 세균의 활동성이 강해진 것이라면 항생제 복용을 점차 줄이면서 면역력을 높이는 한방 치료가 병행되어야 합니다.

둘째, 일반적인 감기가 잘 낫지 않고 오래가면서 폐와 기관지에 영향을 미치는 경우입니다. 감기에 처음 걸렸을 때 엑스레이를 찍어보아도 폐와 기관지에 문제가 없었다가 1~2주 시간이 흐르면서 가슴에서 그르렁거리는 기침 소리가 나기 시작합니다. 그때 다시 엑스레이를 찍어보면 그제서야 폐와 기관지에 염증이 있다고 진단받습니다.

초기 감기에 불필요한 항생제와 기침약과 가래약을 사용한 탓에 폐와 기관지 기능이 약화되면서 폐렴과 기관지염으로 진행되는 예가 가장 많습니다. 그리고 폐와 기관지 기능 자체가 약해서 감기만 걸렸다 하면 폐렴으로 악화되는 예도 많습니다.

항생제로 세균을 억누르는 데만 집중하지 말고 세균이 활동하지 못하는 인체 환경을 만들어주는 것이 치료의 근본 목표가 되어야 합니다. 그러기 위해서는 체력을 보강하고 면역력을 강화해야 합니다. 한의원에는 이런 만성 기관지염과 만성 폐렴에 효과가 좋은 한약 처방이 많습니다.

만성 기침은 기침약과 가래약이 원인

감기에 걸렸을 때 콜록거리는 기침이 아니라 가슴에서 컹컹거리면서 쇳소리를 동반한 기침이 나서 엑스레이를 찍어보아도 폐와 기관지에는 이상이 없다고 진단받는 경우가 많습니다.

급성 폐렴이나 기관지염이라면 발열 증상이 같이 나타납니다. 그런데 엑스레이 촬영 결과 폐가 깨끗한데도 기침이 심하고 열은 없습니다. 말하려 할 때 목이 간질거리면서 기침이 발작적으로 나오기도 하고, 누워있을 때나 밤에 잘 때 심해지는 특징을 보이기도 합니다. 이러한 기침은 폐기능과 기관지 기능이 저하되어 나나타는 기침입니다.

이런 기침은 세균 감염 때문이 아니니 항생제를 사용하는 것은 전혀 도움이 되지 않습니다. 기침약이나 기관지 확장제를 복용해도 기침이 멎지 않은 채로 2~3주 이상 경과하게 됩니다. 이처럼 특별한 원인이 없는 지속적인 기침은 감기 초기에 복용한 기침약과 가래약이 원인일 수 있습니다.

초기 감기로 인한 기침은 나쁜 이물질이나 좋지 않은 점액이 깊이 들어가지 못하도록 뱉어내는 역할을 합니다. 이때 기침은 반드시 필요한 인체의 정상적인 반응입니다. 병균이 깊이 들어가지 못하게 하려는 우리 몸의 노력입니다.

그런데 기침을 멈추게 하려고 기관지 근육을 마비시키는 기침약과 가래약을 복용하면 기침은 당장 덜하겠지만 폐와 기관지로 나쁜 물질이 들어갈 수밖에 없습니다. 게다가 면역력까지 떨어진 상태라면 쉽게 기관지염과 폐렴으로 진행하게 됩니다.

기침약은 기침할 때 피가 나온다거나 기침 때문에 흉통이 심한 경우에만 일시적으로 사용하는 정도가 좋습니다. 감기 초기에 보이는 기침 증상에는 복용하지 말아야 합니다. 실제로 외국에서는 어린이에게 기침약과 가래약 복용이 위험하다는 사실을 알리고 복용에 최대한 주의를 기울이고 있습니다.

감기에 걸린 지 오래되면서 점차 모세기관지염이나 폐렴으로 진행했다면 불필요한 기침약과 가래약 복용이 원인을 제공한 것입니다. 단순 감기에 걸려 기침한다고 아이에게 기침약과 가래약을 복용하게 하는 것은 반드시 피해야 합니다. 증상이 잠깐 덜하게 할 수는 있어도 기침 유발 원인을 치료할 수 없습니다. 단순히 목이 붓고 점액의 분비량이 많아 생기는 기침이 폐와 기관지 문제로 악화될 뿐입니다.

병원에서 검사했는데 이상 없다고 진단받았고, 그런데도 기침이 1주 이상 지속된다면 이것저것 돌아보지 말고 바로 한의원에 가서 한약을 처방받으세요. 폐와 기관지가 튼튼해져야 기침을 멎게 할 수 있습니다. 양약이 전혀 도움이 되지 않고 한약이 우월한 치료 효과를 보이는 증상 중 하나가 바로 이런 경우입니다.

오래된 기침은 무조건 천식일까?

영화나 드라마에 간혹 나오는 장면 중 하나가 평소 천식이 있던 주인공이 갑작스런 충격이나 사고를 당해 천식이 유발되어 호흡곤란으로 쓰러지는 모습입니다. 그래서 주변 인물이 급하게 기관지 확장제를 구해와서 주인공에게 흡입시켜 위기를 모면합니다.

진짜 천식을 진단받은 경우라면 기관지가 좁아지면서 호흡곤란과 천명(숨쉴 때 휘파람 소리처럼 들리는 색색거리는 소리)이 나고, 본인도 이미 천식이 있음을 알고 있습니다. 그래서 기관지 확장제를 늘 상비하고 다니거나 호흡에 이상 신호가 오면 증상이 악화되지 않도록 본인이 늘 조심합니다.

그런데 기관지 확장제를 사용해본 적이 없고, 천식 진단을 받은 적도 없는 어린이가 기침을 오래 해서 병원에 갔더니 천식이라고 한다면 부모님이 납득할 수 있을까요? 부모님들의 이야기를 들어보면, 병원에서 엑스레이 검사를 했는데 아무 이상이 없었고, 기침을 오래 하니 천식일 가능성이 있다고 합니다. 그것도 천식이라고 확실한 진단명을 알려주는 것이 아니라 천식기가 있다고 애매모호하게 이야기합니다. 천식이면 천식이고 아니면 아니지, 천식기는 또 뭘까요?

기침을 오래 해서 잘 낫지 않는다면 앞에서 설명한 폐와 기관지 기능 저하로 인한 기침일 뿐이며 천식과는 전혀 관련이 없습니다. 평소 호흡곤란이나 천명 증상이 없었는데도 폐기능과 기관지 과민 여부를 검사하지 않고 천식이라고 진단하는 것은 매우 잘못이라고 생각합니다. 보호자에게 불안감을 주고 필요하지 않은 기관지 확장제를 사용하면 아이의 기관지 기능이 점차 나빠질 뿐입니다.

평소에 천식임을 알고 있고 호흡곤란으로 위급한 상황을 경험했던 경우가 아니라면 단지 기침을 오래 한다거나 숨쉬기가 조금 힘들다고 해서 '혹 천식이지 않을까?' 하는 걱정에서 한 발자국 뒤로 물러서기 바랍니다. 호흡기에 문제가 생겨 기침하는 것이고, 호흡이 조금 불편할 뿐입니다. 다음에 다시 감기에 걸렸을 때 만성 기침으로 악화되지 않도록 폐와 기관지를 튼튼히 하는 치료를 미리미리 하는 것이 진정으로 아이를 도와주는 일입니다.

12장

축농증으로 힘들어할 때

축농증으로 보이는 증상

축농증(蓄膿症)은 '농이 쌓여 있다'는 뜻입니다. 아래 그림을 보면 얼굴에 동굴 같은 공간이 몇 곳 있습니다. 이 공간에 염증과 농이 쌓인 증상을 '축농증'이라고 합니다.

얼굴 내부에 농이 차 있으니 얼굴이 항상 불편하고 통증도 있습니다. 머리 부위와 가까운 공간에 농이 있다면 머리가 맑지 않고 무거운 느낌이 들거나 두통이 심할 수도 있습니다. 염

증과 농이 코를 막고 있어 코맹맹이 소리를 계속하고, 코를 풀어도 잘 나오지 않습니다. 콧물이 목뒤로 넘어가니 듣기 거북한 탁한 기침 소리도 나고, 간혹 코에서 냄새가 나기도 합니다.

그런데 병원에서 축농증으로 인한 증상을 감기라고 하거나 비염이라고 진단하는 경우가 상당히 많습니다. 축농증은 저절로 호전되는 병이 아닙니다. 적절한 치료와 생활습관 개선이 반드시 필요합니다. 그러기 위해서는 먼저 병을 정확히 진단해야 합니다.

축농증은 왜 생기는 것일까?

얼굴 속 빈 공간에 아무 이유 없이 염증이 생기지는 않습니다. 가장 쉽게는 콧물감기가 낫지 않고 만성화되면서 얼굴 내부 공간에 농이 쌓이는 것을 생각할 수 있습니다. 그런데 누구는 감기에 걸렸을 때 며칠 있다가 낫지만, 누구는 축농증까지 진행됐다면 단순히 염증만의 문제는 아닙니다.

이 경우 코 점막 기능이 약해졌거나 면역력이 저하되어 염증이 생기기 시작한 것으로 봐야 합니다. 즉, 증상의 시작은 감기이고 나타나는 증상은 염증과 농이 쌓이는 것이지만, 축농증으로까지 진행하게 된 것은 코의 기능 저하와 면역력 약화가 원인입니다.

일반적인 콧물감기로는 쉽게 축농증까지 진행되지 않습니다. 다른 어린이보다 면역력이 떨어질 만한 상황이 지속되었을 때 콧물이 얼굴 속 빈 공간에서 환기를 방해해 세균 번식과 염증이 증가하게 되는 것입니다. 면역력이 약해지고 신체의 유익한 균이 활동을 못하는 경우는 어떤 때일까요? 피로 누적으로 인한 체력 저하, 찬 음식을 즐겨 먹는 식습관 그리고 항생제 장기 복용 등을 원인으로 생각할 수 있습니다.

감기나 비염과 구별되는 축농증 증상

감기는 맑은 콧물에서 탁한 콧물, 노란 콧물로 진행됩니다. 코 점막이 부어서 코막힘은 있지만, 코 점막이 손상된 모습은 보이지 않습니다. 재채기가 잠깐 있을 수 있지만, 가려움은 심하지 않습니다.

비염은 콧물이 노란색으로 진해지지 않고 맑은 콧물이 계속 흐른다고 이미 설명했습니다. 재채기와 가려움이 동반되는 특징도 있습니다. 비염의 경우 코 점막이 손상된 모습만 보일 뿐, 콧물이 코의 깊은 내부에 고여있거나 후비루(後鼻漏, 콧물이 목뒤로 넘어가는 것) 증상은 나타나지 않습니다. 비염과 축농증이 동시에 나타날 수는 있지만, 콧물이 많다고 무조건 축농증이라고 하는 것은 잘못된 진단입니다. 또 콧물이 많다고 무조건 비염이라고 하는 것도 잘못된 진단입니다.

축농증은 콧물 색깔이 노란 콧물에서 더 진행하여 황록색이나 연두색 느낌이 나는 콧물이며, 매우 찐득찐득합니다. 유동성이 적은 염증성 콧물이므로 흐르기보다는 코 내부에 고여있게 되어 목뒤로 넘어가기 쉬워집니다. 진찰 시 환자에게 '아~' 소리를 내게 한 뒤 인후 부위를 살펴보면, 매우 진하고 탁한 콧물이 목뒤로 흘러 내려가는 후비루가 관찰됩니다. 엑스레이를 찍거나 컴퓨터 단층촬영(CT)을 해보면 부비동이라고 하는 얼굴 내부 공간에 농이 차 있는 것이 확인됩니다.

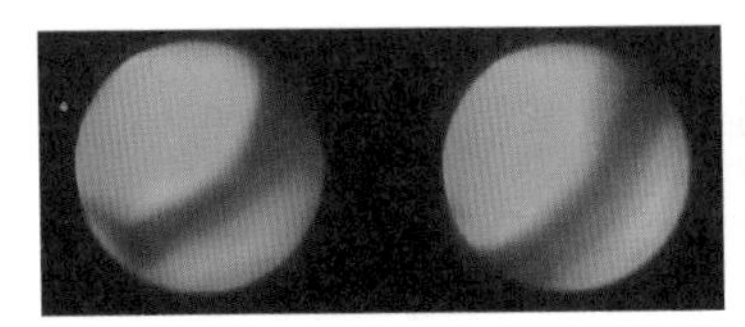

사진 1 정상적인 코

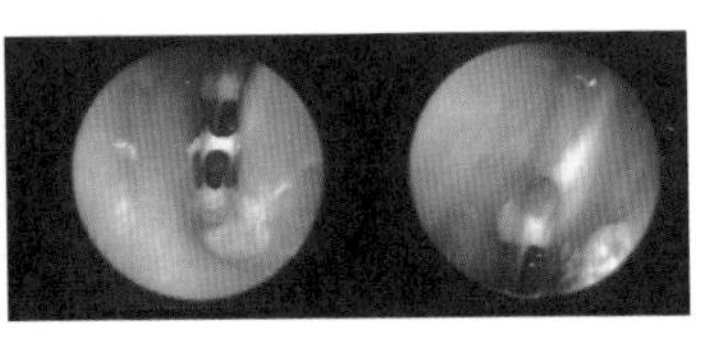

사진 2 축농증의 콧물 모습

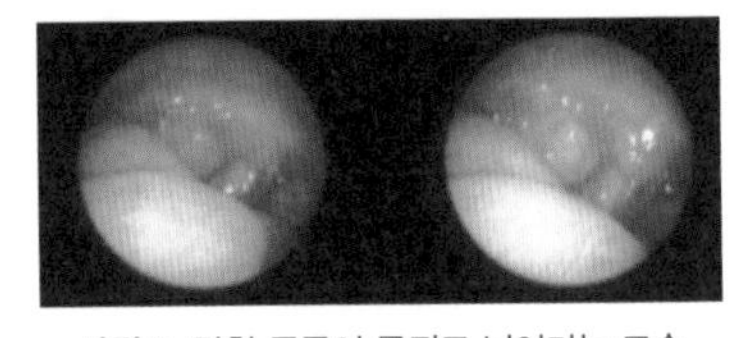

사진 3 탁한 콧물이 목뒤로 넘어가는 모습

사진 1처럼 정상적인 코를 살펴보면 코와 코 사이에 콧물이 보이지 않습니다.

사진 2는 눈으로 보기에도 콧물이 매우 탁하고 찐뜩찐득하게 느껴집니다. 노란색도 있지만, 농이 심하면 약간의 연두색

혹은 푸르스름한 색이 보이기도 합니다.

사진 3은 코 내부에 고여있는 콧물과 농이 목뒤로 넘어가는 후비루 모습입니다. 당연히 쿨럭거리면서 매우 탁한 기침 소리를 냅니다. 이런 경우 기침이 심하다고 무작정 기침약을 복용하는 것은 바람직하지 않습니다. 폐와 기관지 문제가 아니라 축농증으로 인해 콧물이 목뒤로 넘어가는 것이 원인이기 때문입니다.

이러한 모습들을 기억한다면 축농증에 대한 판단과 함께 증상의 호전과 악화 여부에 대해서도 부모님들이 쉽게 파악할 수 있습니다.

축농증의 한방 치료

서양의학의 축농증 치료는 다른 질병과 마찬가지로 염증 제거와 증상 개선에 초점을 두고 있습니다. 세균 활동과 감염을 줄이는 항생제, 염증을 줄이는 소염제, 코 점막을 수축하게 하는 코 점막 수축제, 증상에 따라 스테로이드제가 처방됩니다. 증상이 호전되지 않으면 수술을 통해 부비동에 고여있는 농을 제거하기도 합니다. 염증을 줄이더라도 코 내부 환경이 개선되지 않으면 다시 염증이 생기면서 제자리걸음을 하게 됩니다.

한방의 축농증 치료는 코 내부 농이 왜 배출되지 않고 쌓여있는지에 초점을 맞춥니다. 부비동이라고 하는 공간과 코 내부 점막이 건강하고, 외부 세균에 대한 면역력이 튼튼하다면 염증이 생기거나 세균이 활동할 만한 환경이 만들어지지 않았을 겁니다.

따라서 치료 초기에는 부비동에 쌓여있는 염증과 농을 배출하고 없애는 데 효능이 있는 약재의 비율을 높여 증상을 개선합니다. 코 내부 농과 염증이 감소하기 시작하면 코 점막으로 가는 혈액순환을 도와 기능을 향상하게 하고, 염증이 재발하지 않도록 코 점막 환경을 개선하는 약재 비율을 높여갑니다.

또한 비염과 마찬가지로 일률적인 축농증 처방을 하기보다는 체력, 소화기능의 상태, 급성인지 만성인지, 중이염인지 아닌지 등에 따라 처방을 다르게 합니다. 한방에서는 이런 과정을 당연하게 생각하며, 치료 효과가 좋습니다.

축농증이 좋아지면 콧물이 많아지는 것처럼 보인다

축농증은 단순한 콧물감기가 아니라 염증과 농이 부비동이라고 하는 얼굴 공간에 고여있는 것이기에 일단 콧물 색깔이 노란색 혹은 황록색을 띤다고 이미 말씀드렸습니다. 치료를 정상적으로 받는다면 콧물은 점점 투명하게 변합니다. 짙은 누런색이나 연두색이 섞인 찐득찐득한 콧물이 노란색으로, 노란색에서 탁한 색으로, 탁한 색에서 맑은 색으로 변해갑니다. 콧물이 진할수록, 잘 흐르지 않던 콧물이 맑은 색으로 변하면서 유동성이 증가하여 잘 흐르게 됩니다.

여기에 중요한 포인트가 있습니다. 콧물이 맑아지면서 유동성이 증가하면 어떤 변화가 생길까요? 심한 축농증이지만 전에는 콧물이 별로 흐르지 않고 잘 보이지도 않아서 심각하게 여기지 않았는데, 치료하면서 오히려 콧물이 더 줄줄 흐릅니다.

또한 치료 시작 전에는 기침 소리가 탁하긴 해도 빈도가 높지 않았는데, 치료가 잘 되면 콧물이 맑아지면서 목뒤로 쉽게 흘러 내려가면서 탁한 기침 소리가 심해지게 됩니다. 이해가 부족한 환자나 보호자 입장에서는 야단이 납니다.

아이와 어머니가 내원하였을 때는 미리 설명하므로 대체로 잘 이해하고 치료 과정을 잘 따라옵니다. 그런데 아이와 함께 지내는 시간이 적은 아버지는 오해할 만한 일이 생깁니다. 한의원에서 축농증 치료를 시작했다는 이야기를 들었는데, 얼마 지나고 보니 아이에게 안 보이던 콧물이 줄줄 흐르고, 간혹 있던 탁한 기침이 심해졌습니다. 그러면 아버지는 아이 상태가 더 나빠졌다고 생각하면서 한방 치료에 대해 부정적으로 생각하게 됩니다. 결국 아이 엄마와 의견이 엇갈리면서 치료를 중단하기도 합니다.

그래서 축농증 치료를 하기 전에 먼저 환자나 보호자에게 증상이 좋아지면 콧물과 기침이 증가하는 것처럼 보일 거라고 반드시 설명해줍니다.

축농증뿐 아니라 감기 역시 겉으로 보기에 콧물이 많은지 적은지 살펴보기보다는 콧물 색깔이 맑은지 진한지, 또 콧물이 있는 부위가 코 입구인지 아니면 코 내부인지 살펴보는 것이 훨씬 중요합니다. 그런데 항히스타민제를 복용하면 콧물이 졸아들어 외부에서는 콧물이 잘 안 보이게 됩니다. 이것만 보고 콧물 치료가 잘 된다고 생각해서 항히스타민제를 계속 복용하면 콧물은 점점 더 콧속 깊숙이 들어가버립니다. 감기를 초기에 잡을 수 있는 기회를 스스로 놓치는 셈입니다. 이때가 바로 만성 감기로 진행되거나 축농증으로 악화되는 시작점이 됩니다.

축농증과 코 세척

코 세척은 한쪽 코로 식염수를 흘려 넣어 반대쪽 코로 나오게 하는 것을 말합니다. 주사기에 연결관을 꽂은 기구를 이용하여 고개 숙인 상태에서 식염수를 밀어 넣으면 반대 코로 식염수가 빠져나오면서 콧물이 같이 흘러나오게 됩니다.

축농증은 하루 1~2회 정도 코 세척을 하면 콧물이 나오지 않아 힘들 때 일시적으로 도움이 될 수 있습니다. 염증과 농이 부비동과 코 깊은 곳에 고여있는데 콧물이 탁하고 찐득찐득하기 때문에 코를 풀어도 잘 나오지 않습니다. 코를 풀어도 계속 고여있으니 불편하고 답답합니다. 그래서 초기 불편함이 어느 정도 개선될 때까지 코 세척을 통해 염증과 농이 빠져나오게 도움을 주는 것입니다. 코 세척을 할 때는 체액과 비슷한 식염수를 사용해야 통증도 줄이고 코 점막 손상도 최소화할 수 있습니다.

코 내부에 콧물이 고이지 않았고, 코를 풀어서 숨쉬는 데 불편함이 없다면 코 세척을 줄이거나 피하는 것이 좋습니다. 축농증이라 해도 장기간 코 세척을 하게 되면 코 점막 기능이 악화되므로 삼가야 하며, 축농증이 아닌 비염이나 감기라면 코 세척이 전혀 필요하지 않습니다.

식염수를 이용한 코 세척은 어른도 하기 힘들고 불편합니다. 어린이는 더 힘들고요. 그래서 보통 6~7세 이상, 초등학생 이상 연령대에서 시도해본 다음, 힘들어하지 않는다면 축농증이 어느 정도 개선될 때까지 하루 1~2회 정도 코 세척을 하게 해주면 됩니다. 너무 어리거나 본인이 힘들어하면 억지로 하지 않는 편이 좋습니다.

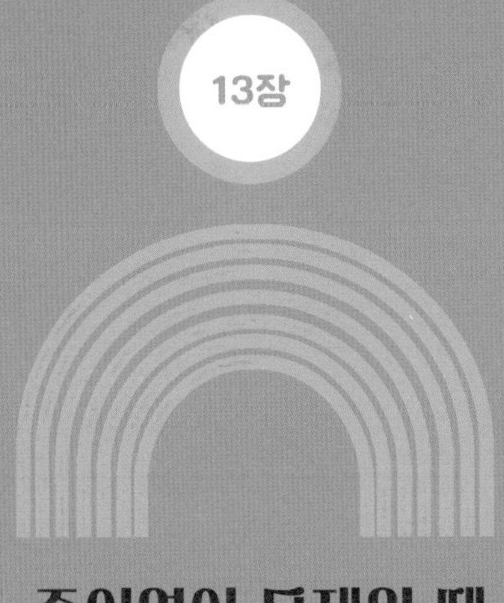

중이염이 문제일 때

정상 고막과 중이염에 걸린 고막

중이염(中耳炎)은 말 그대로 중이(고막 안쪽 부분)에 염증이 생기는 병입니다. 보고에 따르면 어린이가 자라는 동안 70~80퍼센트 정도는 걸린다고 하니, 대부분 어린이들이 알게 모르게 중이염을 앓고 성장한다고 봐야 합니다.

정상 고막과 비정상 고막의 모습을 이해하고 있으면 귀에 문제가 생겨 병원에 갔을 때 의사 선생님의 설명이 맞는지, 틀린

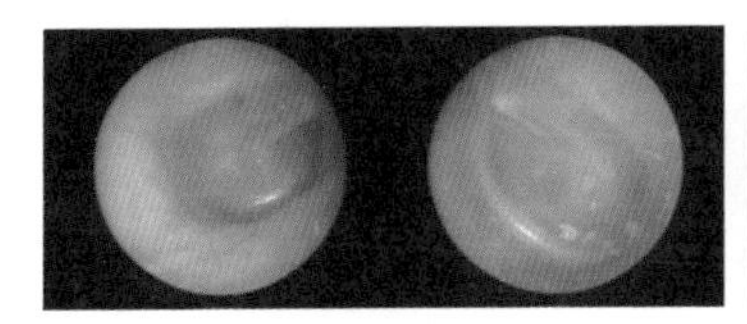

사진 1 정상 고막

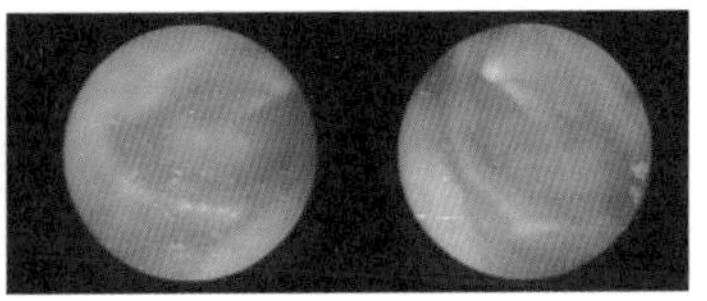

사진 2 삼출성 중이염

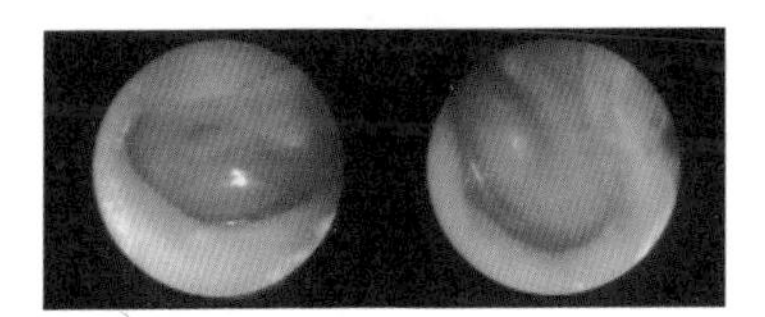

사진 3 화농성 중이염

부분은 없는지 알 수 있습니다. 위 사진(271쪽)을 보면 쉽게 구별할 수 있습니다.

정상 고막은 사진에서 보다시피 약간 투명한 느낌의 회색을 띠고 있습니다. 이 모습만 기억하면 됩니다. 이러한 모습과 달리 고막이 부어있거나 색깔이 다르다면 일단 중이염이 있는 것으로 봐야 합니다. 염증의 상태에 따라 약간 노란색으로 보이기도, 빨간색 염증이 보이기도 합니다. 고막 안쪽, 즉 중이(中耳)에 염증이 차 있어서 투명한 느낌이 들지 않는 것입니다.

어린이가 쉽게 중이염에 걸리는 이유

코와 귀는 '이관(耳管, 유스타키오관)'이라고 하는 통로로 연결되어 있습니다. 이관은 귀 내부를 환기하게 하고 고막 안팎의 압력을 일정하게 하는 역할을 합니다. 몸이 건강하고 면역력이 튼튼하면 이관이 제 기능을 하기 때문에 귀가 건강하게 유지될 수 있습니다. 그러나 면역력이 떨어진 상태에서 코에 염증이

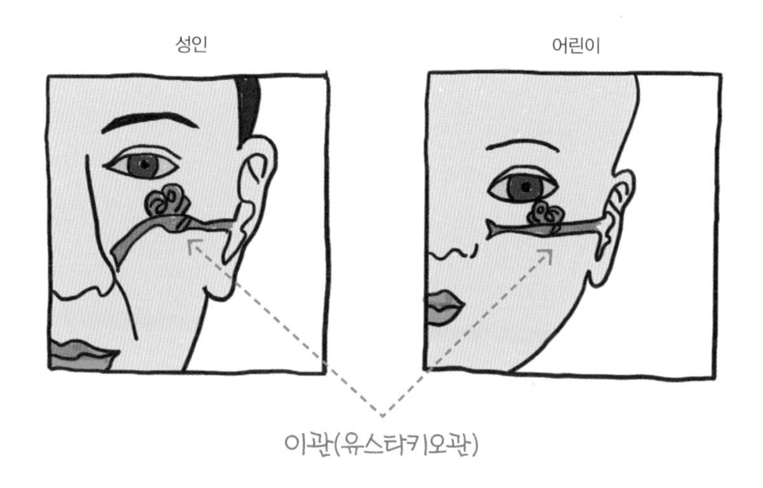

계속된다면 이관이 제 기능을 하지 못해 중이에 염증이 생깁니다.

먼저 성인의 이관을 보면 코에서 귀까지 연결된 관이 아래에서 위로 올라가 있습니다. 코에 염증이 생기거나 콧물이 있어도 귀 안쪽까지 도달하기 어려운 구조입니다. 하지만 어린이는 코와 귀를 연결하는 관이 어른처럼 기울어지지 않고 거의 수평입니다. 그래서 콧물감기에 걸리면 중이염으로 곧잘 진행되는 것입니다.

수평에 가까운 어린이의 이관은 귀에 영향을 미치기 쉽습니다. 어린아이 콧물감기가 오래갈 때, 축농증이 있을 때, 면역력이 떨어져 이관 내 섬모 운동이 약해지고 환기 능력이 떨어졌을 때는 중이염에 걸릴 확률이 높습니다.

급성 중이염

귀에 통증과 염증, 발열이 갑자기 동시에 생겼을 때, 이를 '급성 중이염'이라고 합니다. 이전에 감기 증상이 전혀 없었다면 외부 세균의 침입과 번식이 원인이라고 보기 때문에 보통 항생제와 소염진통제를 처방합니다.

건강보험심사평가원의 2015년도 발표 자료를 보면, 전국 병의원을 대상으로 중이염에 대한 처방 실태를 분석한 결과 항생제 처방률은 88.67%(2012) → 86.10%(2013) → 84.76%(2014년)→ 84.19%(2015)로 나타났습니다. 중이염의 경우 미국, 유럽, 일본 등과 같은 나라에서는 2~3일 동안 증상 완화 치료를 우선하면서 경과를 지켜본 후 항생제를 처방해야 한다는 원칙을 잘 따르고 있습니다. 하지만 우리나라는 이런 처방 원칙이 잘 지켜지지 않고 있습니다. 게다가 중이염에 처방해서는 안 되는 스테로이드제 처방률도 8퍼센트에 이르고 있어서 건강보험심사평가원이 병의원에 개선할 것을 권고했습니다.

영국 발표 연구 논문에 따르면, 급성 중이염에 항생제는 전혀 도움이 되지 않는다고 합니다. 우리나라 의사들의 진료 지침에도 급성 중이염은 2~3일간 경과를 지켜본 후 세균성 감염이 확실할 때만 항생제를 처방하도록 하고 있습니다.

급성 중이염에 잘 걸리는 연령대가 보통 3세 이전이고, 많아도 초등학교 입학 전 시기입니다. 이러한 연령대 아이가 급성 중이염에 걸렸다면 웬만해서는 심한 통증을 참아내기 어렵습니다. 고열을 동반하는 경우가 많습니다. 따라서 초기에 해열제, 소염진통제의 도움을 받는 것이 좋습니다. 중이염 자체를 줄여주지는 않지만, 통증을 다스려 아픈 기간을 잘 넘기게 도와줄 수는 있습니다.

이때가 아이를 키우면서 해열제와 소염진통제가 필요하다고 생각하는 경우 중 하나입니다. 소염진통제를 먹인 뒤 며칠 동안 경과를 지켜보세요. 염증이 점차 가라앉는다면 항생제는 복용하지 않아도 됩니다. 그러나 2~3일이 지나도 낫지 않고, 오히려 귀의 염증이 더 심해진다면 항생제를 복용하게 할 필요가 있습니다.

염증의 정도가 심하면 귀 내부의 압력이 높아져 염증이 고막을 터트리고, 고름이 외부로 흘러나오기도 합니다. 고름이 귀 내부에 계속 쌓여있을 때보다 병이 빠르게 호전되기도 합니다. 추가 감염만 주의한다면 고막은 점차 회복됩니다.

만성 중이염

중이염이 오래가는 경우는 크게 두 가지로 볼 수 있습니다. 첫째는 급성 화농성 중이염이 초기에 회복되지 않아 장기화되는 경우이고, 둘째는 만성 콧물감기가 낫지 않으면서 귀에 영향을 미쳐 만성으로 넘어가는 경우입니다. 만성 중이염일 때 서양의학에서는 중이에 계속 차 있는 염증과 농을 강제로 빼내는 방법을 찾습니다. 그래서 등장한 것이 고막 내 삽관 수술입니다. 고막에 구멍을 뚫고 관을 삽입해 중이 내부의 염증과 농이 빠져나오게 하고 환기가 되도록 하는 수술입니다. 중이염에 처음 걸렸을 때 잘 치료했다면 이런 수술을 할 정도로 악화되지는 않았을 것입니다.

몇 개월 동안 항생제와 소염제로 세균을 억제하고 염증을 줄였음에도 중이염이 낫지 않는다면 생각을 달리해야 합니다. 이것은 세균의 문제도, 염증의 문제도 아닌 세균이 활동하기 쉬운 환경을 개선하지 못한 탓이 큽니다.

급성 화농성 중이염에 걸렸다면 병원에서 이미 항생제를 복용했을 텐데, 그래도 호전이 안 되어 만성으로 진행했다면 항생제가 소용없다는 말입니다. 세균 감염이 원인이 아니라 세균의 활동력이 증가하게 된 면역력 저하가 원인일 것입니다.

만성 콧물감기가 낫지 않아 삼출성 혹은 장액성 중이염으로 악화된 경우도 세균 감염이 문제가 아니라 이관의 면역력 저하와 중이에 환기가 안 되어 생긴 결과입니다. 이 경우 역시 항생제는 전혀 도움이 되지 않습니다.

오래된 중이염이라면 어떤 경우든 항생제, 해열제, 소염제, 진통제 복용이 필요치 않습니다. 이 약들이 면역력을 떨어뜨려 만성 중이염을 유발하고, 증상의 호전을 방해하므로 반드시 피해야 합니다.

만성 중이염이 악화되면 귀 내부에 '진주종'이라는 덩어리가 만들어집니다. 그러면서 귀 내부의 뼈를 조금씩 침식시키고 만성 염증을 일으킵니다. 이런 형태의 만성 중이염을 '진주종성 만성 중이염'이라고 합니다. 이때는 귀 내부의 염증을 제거하고, 구조를 복원하는 수술이 필요할 수 있습니다.

중이염의 한방 치료

앞에서 설명한 것처럼 급성 화농성 중이염은 어린이가 통증을 참기 어려우므로 해열제, 소염제, 진통제의 역할이 필요합니다. 하지만 소염진통제는 통증을 잠깐 덜어주는 역할을 할 뿐 중이염이 생긴 원인을 해결해주지는 못합니다. 급성 중이염은 병원 치료를 하면서 한방 치료를 겸하면 좋습니다. 한방에서는 급성 염증에 해당하는 증상을 '풍열(風熱)'이라고 표현하며, 풍열을 제어하는 처방이 매우 좋은 효과를 나타냅니다.

급성을 지나 만성으로 넘어갔다면 한약과 침 치료를 병행하면 효과가 더 좋습니다. 특히 만성 감기 및 콧물감기가 지속되면서 삼출성 중이염으로 진행되었다면 양약과 비교할 수 없을 만큼 탁월한 효과를 보입니다. 다른 질환과 마찬가지로 중이염도 모든 환자에게 같은 처방이 내려지지 않습니다.

가장 먼저 중이염이 생긴 원인을 파악해야 합니다. 만성 콧물감기가 오랫동안 낫지 않아 이관에 영향을 미쳐 중이염이 생겼다면 콧물 치료를 먼저 해야 합니다. 코를 열어주어 콧물이 빠져나가게 하면서 이관의 기능을 회복하게 하면 중이염도 좋아집니다.

급성 중이염이 회복되지 않아 만성이 되었다면 농을 배출하고 이관의 기능을 향상하게 해야 하므로 치료와 면역력 개선, 이 두 가지 목적을 겸한 처방을 합니다.

체력과 면역력이 떨어져 있고 항생제를 오랫동안 복용해온 상태라면 무엇보다 기운을 보강하고 면역력을 강화하는 방향으로 처방해야 합니다.

중이염은 외부의 세균 감염이 아닌 만성 콧물감기가 낫지 않은 상태에서 면역력이 떨어진 경우에 가장 많이 생깁니다. 한방에서는 항생제나 소염제를 쓰지 않으면서 이관의 기능을 향상시키면서 염증이 생기는 환경을 개선하는 치료를 통해 증상 개선은 물론 이관의 근본적인 기능이 작동하도록 합니다.

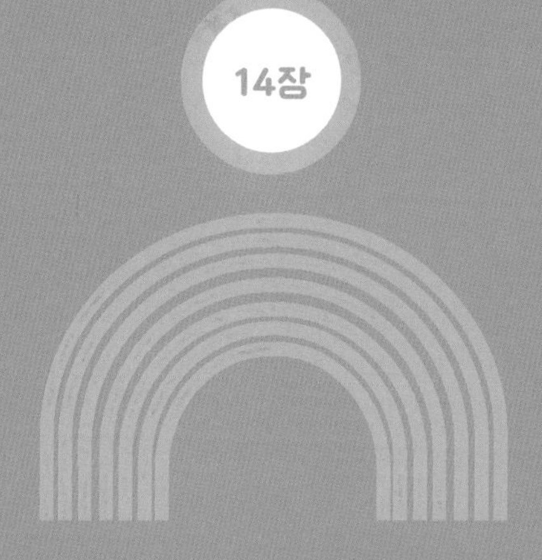

아이가 건강하게 자라는 생활습관

반신욕과 따뜻한 찜질

아이들이 아픈 원인은 소화기능 문제가 많다고 누누이 말씀드리고 있습니다. 소화기능이 약한 아이는 대체로 몸이 냉(冷)합니다. 소화기관에서 음식을 통한 영양분 흡수와 에너지 생성이 잘 안되기 때문입니다. 심하면 한약 치료가 필요하지만 일상생활에서는 배를 따뜻하게 하는 습관이 중요합니다.

반신욕은 체온과 면역력을 높이고, 배를 따뜻하게 하는 가장 강력한 보조수단입니다. 땀이 살짝 날 정도까지 반신욕을 자주 해주세요. 단순히 목욕이라고 생각하면 잘 안 하게 됩니다. 아이가 아플 때 하나의 치료 수단이라고 생각해도 좋고, 아이를 건강하게 자라게 하는 돈 안 드는 보약이라고 생각해도 좋습니다.

반신욕은 몇 분 정도 해야 할까요? 시간은 중요하지 않습니다. 땀이 송글송글 나기 시작할 정도까지 하면 됩니다. 건강한 어린이는 땀이 나기까지 긴 시간이 걸리지 않습니다. 하지만 몸이 차거나 건강이 좋지 않으면 땀이 나기까지 시간이 오래 걸립니다.

그런데 가끔 아이가 반신욕을 싫어한다고 하는 부모님들이 있습니다. 물이 뜨거워서 아이가 들어가기 꺼린다고 합니다. 처음부터 뜨거운 물을 받아놓으면 아이들은 욕조에 잘 들어가지 않으려 하고 점점 싫어하게 됩니다. 한 가지 요령은 처음에는 미지근한 정도로 물을 조금만 받아 놓고, 아이가 욕조에 들어간 후에 뜨거운 물을 보충하면서 물의 온도에 아이가 적응하도록 해줍니다. 물이 뜨겁다는 핑계가 사라집니다.

집에 욕조가 없거나 시간 여유가 없다면 배에 따뜻한 찜질이 좋습니다. 아이가 TV를 보거나 누워있을 때 해주면 됩니다. 배에 하는 따뜻한 찜질은 배탈이 나거나 소화기능에 문제가 있을 때 도움이 됩니다.

반신욕이든 족탕이든, 따뜻한 찜질이든 배 아래쪽을 따뜻하게 하는 노력을 일상생활에서 꾸준히 하면 어떤 점에서 도움이 될까요? 배가 따뜻해지면 면역력이 강화되어 감기를 예방하는데 좋고, 감기에 걸렸을 때, 비염 증상이 있을 때 매우 좋습니다. 그리고 소화기능에 문제가 있을 때도 도움이 됩니다. 배탈이 나거나 소화가 안 될 때, 배가 아프거나 변비가 있을 때, 장의 연동운동이 좋지 않아 평소 밥을 잘 먹지 않을 때 등 소화기능 향상에 좋습니다.

코막힘이나 콧물, 기침 등이 있을 때, 속이 좋지 않을 때 반신욕을 하기 전후 상태를 자주 비교해서 관찰해보세요. 차이가 느껴진다면 꾸준히 해주면 됩니다.

몸에 해로운 아이스크림

배를 따뜻하게 하기 위해 따뜻한 물도 마시고, 반신욕이나 배에 따뜻한 찜질을 해서 도와주는 것이 필요하다고 설명했습니다. 그러면 반대로 배를 차게 하는 일이나 식습관은 피해야겠지요.

아이들이 갑자기 배탈 나거나 열날 때, 콧물 나거나 심해질 때 내원하면, 증상이 나타나기 직전에 어떤 음식을 먹었는지, 어떤 일이 있었는지 하나씩 확인합니다. 그런데 아이스크림을 먹은 후 아픈 사례가 가장 많았습니다. 추울 때 나가 놀아도 감기에 잘 걸리지 않고, 웬만한 음식은 과식해도 잘 아프지 않던 아이가 갑자기 배탈 나거나, 감기가 아닌데도 열이 난다면 아이스크림 때문에 증상이 시작되었을 가능성이 매우 큽니다.

아이스크림은 우유가 주재료입니다. 소화기능이 좋지 않은 어린이는 우유 성분을 분해하는 효소가 부족하여 우유가 주성분인 아이스크림을 먹으면 소화가 잘 되지 않습니다. 또한 맛이나 식감을 좋게 하기 위해 유화제와 같은 여러 가지 인공 첨가물이 들어갑니다. 이런 첨가물들은 소화기능에 문제를 일으킬 확률이 높습니다.

아이들은 언제 아이스크림을 먹을까요? 더운 날 부모님과 나들이 갔을 때, 뛰어놀다가 목이 마르거나 더위에 지칠 때 주로 먹게 됩니다. 활동량이 많고 피곤하기 쉬운 상황에서 아이스크림을 찾는 것이지요. 아이스크림을 먹고 나면 몸이 냉(冷)해지고 신체 기능이 저하됩니다.

찬물이나 찬 음료수도 물론 좋지 않습니다. 하지만 아이스크림은 냉동상태이므로 찬물보다 온도가 더 낮습니다. 찬물은 보통 한두 모금 정도 마시지만, 아이스크림은 한두 입 먹고 마는 음식이 아닙니다. 섭취하는 양이 찬물보다 훨씬 많기 때문에 쉽게 탈이 나게 됩니다.

위와 같은 이유로 활동량이 많고 더운 상황이나 체온이 높아져 있는 상황에서 아이스크림을 먹으면 소화기관의 온도를 급격히 떨어뜨려 소화기능을 저하시킵니다. 그래서 배탈 나거나 소화 장애로 열나기 쉽습니다. 또한 몸이 냉해지고 면역력이 떨어져 감기에 걸리거나 앓고 있던 감기 증상이 심해집니다.

아이스크림을 먹는다고 매번 아픈 건 아닙니다. 그러니 아이스크림이 원인인지 알지 못합니다. 피곤하거나 컨디션이 좋지 않을 때, 소화기능이 저하되었을 때, 활동량이 너무 많은 상태에서 과식했을 때와 같은 상황이 겹치면 문제가 생길 확률이 현저히 높아지는 것입니다.

아이가 갑자기 열나거나 배탈 나는 일이 자주 있다면 직전에 아이스크림을 먹지 않았는지 살펴주세요. 아이스크림만 주의해도 아이가 아플 일은 많이 줄어듭니다.

그렇다고 아이들과 기분 좋게 외출했는데 아이스크림 사달라고 조르면 거절하기는 어렵습니다. 이때에는 방법이 있습니다. 아이스크림을 바로 삼키지 말고 입안에서 천천히 아이스크림을 녹여 먹도록 하면 나쁜 영향이 덜합니다. 또한 건강하고 컨디션이 좋은 상태라면 영향을 덜 받습니다. 하지만 감기에 걸려있거나, 피곤하고 힘들어하는 상태라면 아이스크림을 주지 않는다는 원칙을 꼭 지키기 바랍니다.

따뜻한 물을 조금씩 자주

아이들은 따뜻한 물을 좋아하지 않습니다. 뜨거운 물은 싫어하고요. 건강하고, 소화기능이 튼튼하면서 밥도 잘 먹는 아이라면 억지로 따뜻한 물을 마시게 할 필요는 없습니다.

그런데 배가 자주 아프다고 하고, 밥을 잘 안 먹거나 밥 먹는 데 시간이 오래 걸린다면 따뜻한 물을 자주 마시게 하세요. 많은 양을 마실 필요는 없고 한두 모금이어도 좋습니다.

추운 겨울에 손이 얼어 손이 잘 움직이지 않을 때 따뜻한 물에 손을 담그면 얼어있던 손이 풀리면서 손가락 움직임이 부드러워집니다. 마찬가지로 따듯한 물을 마셔서 속을 따뜻하게 해주면 소화기관의 움직임이 좋아집니다.

특히 밥을 잘 먹지 않고, 밥 먹는 데 시간이 오래 걸리는 아이라면 밥 먹기 전에 따뜻한 물을 한두 모금 마시게 한 후 밥을 먹게 하세요. 소화기능이 약해 밥을 잘 먹지 않았던 거라면 분명 도움이 됩니다.

배를 자주 만져주세요

'엄마 손은 약손~ 누구 배는 똥배~'

아이가 아플 때 이런 노래를 부르면서 엄마가 배를 만져주면 아픈 게 금방 나았다는 이야기는 누구나 알고 있습니다. 실제로 어릴 때 엄마 손 덕분에 아픈 배가 나았던 경험이 있는 분도 있을 듯합니다.

모성애를 강조하는 동화에서나 나오는 이야기라고 생각했는데 진료 경험이 쌓일수록 아이가 아플 때 배를 만져주는 것이 실제로 큰 도움이 된다는 사실을 알게 되었습니다.

지금처럼 병원이 많지 않았고, 병원을 가기에도 쉽지 않았던 시절에는 아이가 밤에 아프면 부모는 막막했을 것 같습니다. 이럴 때 부모님은 아이 배를 만져주면서 지켜보는 것 말고는 딱히 할 수 있는 일이 없었을 것입니다.

그런데 아이가 아프거나 열나는 원인 대부분은 소화기능 문제라고 앞에서 설명했습니다. 부모님은 별다른 방법이 없어서 빨리 낫기를 바라는 간절한 마음으로 배를 만져주었지만, 실제로 배를 만져주고 마사지해줌으로써 긴장된 위장을 풀어주고 장의 연동운동이 편하게 도와준 것입니다.

지금은 아플 때 언제든지 바로 가까운 병원에 쉽게 갈 수 있습니다. 약 먹고 약 효과가 나타나기까지는 시간이 걸립니다. 병이 낫기 전까지 아이 배를 만지고 살살 마사지해주세요. 아이는 편하다고 느끼면서 좋아하게 되고, 실제로 병이 낫는 데도 도움이 됩니다.

평소에도 아이 배를 자주 만져주고 마사지하듯 눌러주세요. 이런 행동이 아이 장을 편안하게 해줍니다. 장이 편해지면 면역력이 강해지고, 소화기능과 장의 연동운동이 좋아집니다. 아이가 건강하게 자라는 데 큰 도움이 됩니다.

마사지를 자주 해주세요

아이들의 체력이 떨어지지 않게 하기 위해 일찍 자는 습관이 매우 중요하다고 앞에서 설명했습니다. 일찍 잠자리에 든 아이들에게 마사지를 해주세요. 마사지 받아본 경험자는 다 아는 게 있습니다. 마사지를 받다 보면 졸음이 스르르 몰려오고 어느새 잠이 들어버립니다. 한의학에서 말하는 경혈을 몰라도 됩니다. 마사지 방법을 잘 몰라도 됩니다. 엎드리게 해서 머리부터 목, 어깨, 등과 허리, 팔다리, 발바닥 어디든 아프지 않게 살살 주무르거나 문지르고 만져주세요.

마사지를 해주면 아이는 간지럽다고 까르르 웃기도 하고 재밌다고 하다가도 어느새 자고 있거나 평소보다 빨리 잠들기도 합니다. 마사지를 받으려고 늦게 자던 아이가 일찍 잠자리에 눕기도 합니다. 부모님과 아이 사이가 더 친밀해집니다. 아이가 부모님의 사랑을 느끼는 것은 덤이겠지요.

주무르거나 문지르거나, 살살 두드려주는 마사지는 하루 동안 움직이면서 긴장된 근육을 부드럽게 해주고, 혈액순환을 도와줍니다. 키가 잘 자라고 성장 발달이 좋아지는 데 도움이 됩니다.

잠들기 전 해주는 마사지는 아이에게 일찍 자는 습관을 만들어주고, 숙면을 취하게 하여 피로를 풀게 도와줍니다. 건강과 정서적 안정도 기대할 수 있고요.

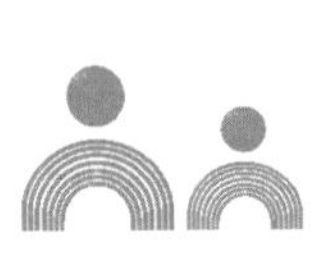

15장

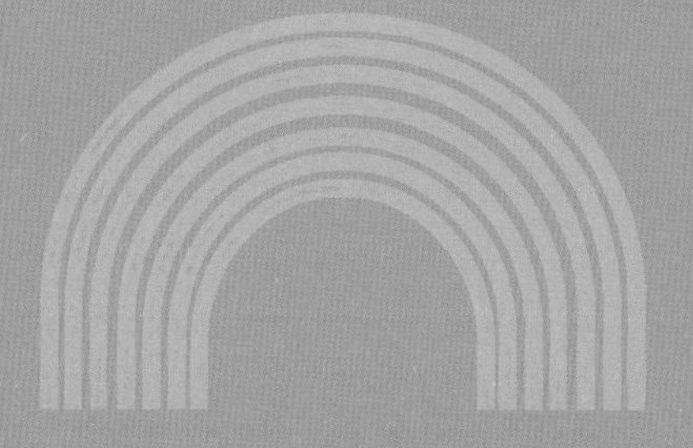

부모님이 한의사에게 많이 묻는 질문

보약이 필요한 때는 언제이고, 몇 살부터 복용할 수 있나요?

보약(補藥)을 먹어야 하는 때는 언제인지, 아이들은 언제부터 먹어도 되는지 궁금해하는 부모님이 많습니다. 우선, 보약의 의미부터 짚어보겠습니다.

예를 들어, 소화기관인 비위(脾胃) 기능이 약하다면 음식을 소화하는 속도가 늦어집니다. 그러면 밥을 잘 안 먹게 되고, 배에 가스가 차며, 영양분 흡수가 잘 되지 않아 체력이 쉽게 떨어집니다. 이러한 상태를 '허증(虛症)'이라고 합니다. 이때는 비위 기능을 강화하고 활발하게 해주어야 합니다.

반대로 비위 움직임이 비정상적으로 강하다면 심한 복통과 경련이 생기거나 속쓰림과 폭식증 등의 증상이 나타나기도 합니다. 이러한 상태를 '실증(實證)'이라고 합니다. 이때는 비위 기능을 안정시키고 느리게 해주어야 합니다.

비위뿐 아니라 다른 오장육부 상태를 면밀히 살펴서 어디가 약하고, 어디가 강한지 파악한 다음 부족한 부분은 보충해주고 과한 부분은 덜어주는 것이 한의사의 역할입니다. 서양의학은 과한 부분을 덜어주는 치료법이 발전하였습니다. 그러나 부족한 부분을 보충해주는 개념은 없기 때문에 허증으로 인한 증상을 치료하는 방법이 없습니다.

반면 한의학은 부족한 부분을 보충하는 치료법에 대한 연구가 오랫동안 깊이 있게 진행되어 왔습니다. 부족하고 모자라서 생기는 증상, 즉 허증에 대한 치료 방법이 다양합니다.

성장 속도가 매우 빠른 성장기 어린이는 신체 기능 저하로 인한 허증이 발생하기 쉽습니다. 그래서 쉽게 피로해지고, 아침에 잘 일어나지 못하며, 평소보다 밥을 잘 먹지 않습니다. 밥 먹을 시간이 지났는데도 밥 달라는 말을 하지 않습니다. 감기에 자주 걸리면서 잘 낫지 않고, 감기에 걸릴 때마다 기관지염과 폐렴 등으로 쉽게 진행됩니다. 이러한 증상들이 기능이 저하된 허증의 모습입니다.

가파른 산을 오를 때 누가 뒤에서 살짝 밀어주면 훨씬 수월하게 올라갈 수 있습니다. 마찬가지로 신체 기능 저하로 아이가 힘들어할 때 보약으로 보충하고 도와주면 한결 수월하게 신체 기능이 제자리를 찾고 회복할 수 있습니다. 이것이 바로 진정한 보약의 역할입니다.

간혹 보약에 들어가는 녹용(鹿茸)이 아이에게 나쁜 영향을 미치지 않을까 걱정하는 부모님이 있습니다. 녹용은 면역력을 높이고, 체력을 증진하며, 근골을 튼튼히 하고, 뼈와 골수를 보강하는 효과가 뛰어납니다. 특히 성장기 어린이에게 도움이 되는 약재입니다. 수많은 한약재 중 보(補)하는 효과가 뛰어난 약재입니다. 걱정할 필요도, 녹용 자체에 너무 큰 의미를 부여할 필요도 없습니다.

아이가 한 살이 지나면 한약을 먹이기 위해 내원하는 경우가 많습니다. 보통 돌 즈음에 모유 수유를 중단하는데, 면역력을 유지해주던 모유를 먹지 않으니 면역력이 떨어진 아이는 자주 감기에 걸리거나 병치레를 하게 됩니다. 이때 면역력을 향상시키고, 성장 발달이 원활하게 진행되도록 녹용이 포함된 보약을 처방하게 됩니다.

그럼, 한약에 비해 약성이 더 강하고 부작용이 많은 양약은 언제부터 복용해도 괜찮을까요? 몇 개월 혹은 몇 살? 딱 잘라 언제쯤이 괜찮다고 시기를 말하기는 어렵습니다. 아이가 아파서 치료를 위해 약이 필요하다면 그때가 적정한 복용 시기입니다.

한약 역시 마찬가지입니다. 아이가 아파서 치료가 필요하다면 생후 6개월 이후라도 복용할 수 있고, 치료 효과도 좋습니다.

다만, 아픈 데 없이 건강하게 잘 자라고 있다면, '한 살이 되었으니 이제 보약을 먹여야지' 하면서 굳이 서두를 필요는 없습니다.

우리 아이는 열이 많은 체질인가요?

"항상 찬 거 먹고, 추운 날 옷도 잘 안 입는 거 보면 우리 아이는 열이 많은 체질인 것 같아요."

진찰받으러 온 아이 부모님이 종종 하는 말입니다. 진찰해보면 진짜 열이 많은 어린이가 있습니다. 반면 오히려 몸이 좋지 않아 열이 많은 것처럼 보이는 어린이도 있습니다.

열이 많은 어린이는 살집이 있으면서 뼈가 굵고 다른 어린이에 비해 체격이 큽니다. 땀을 많이 흘립니다. 뜨겁지 않은 음식을 먹어도, 조금만 움직여도 땀을 흘립니다. 이와 비슷한 체형과 체질이라면 선천적으로 열이 많다고 진단할 수 있습니다. 부모님 중 한 분도 아이와 비슷한 체질일 가능성이 큽니다.

이런 아이는 찬 방바닥만 찾아다니며 잠을 자고, 찬물과 얼음, 아이스크림을 즐겨 먹습니다. 찬 음식은 좋지 않지만 체열이 높기 때문에 상대적으로 나쁜 영향이 적습니다. 너무 많이 먹지 않도록 주의를 주면 됩니다.

그렇지 않은 경우도 많습니다. 몸이 허약해진 상태가 오래되거나 심해지면 우리 몸은 신체 기능을 활성화하기 위해 열을 내거나 체온을 올리려고 합니다. 이를 한의학에서는 허열(虛熱)이라고 합니다. 즉, 진짜 열이 많은 것이 아니라 몸이 약해서 가짜 열이 생긴다는 뜻입니다. 이때는 체형과 살집이 많지 않은데도 덥다고 하고, 몸이 좋지 않을 때만 땀을 잠깐 흘립니다. 부모님은 이런 아이 모습을 보면서 찬 음식을 즐겨 먹으니 내 아이도 열이 많은 체질이라고 생각합니다.

실제 열이 많지 않은데도 열이 많다고 알고 있으면 찬 음식을 자주 먹게 합니다. 안 그래도 허약한 아이의 몸은 더욱 약해지고, 소화기능과 면역력에 큰 문제가 생깁니다. 또는 보약이 필요한 상황임에도 열이 많다고 오해해서 보약 처방을 꺼립니다. 그래서 필요한 치료를 진행하지 못하는 사례도 있습니다. 정확한 진찰을 통해 열이 정말 많은 아이인지, 아니면 열이 많은 듯하지만 실제는 그렇지 않은지 확인해야 합니다. 체질에 맞게 아이 건강에 도움이 되는 치료를 하고 올바른 생활습관을 심어주어야 합니다.

편도가 크면 수술해야 하나요?

예전에 편도 제거 수술이 유행하던 때가 있었습니다. 목을 아프게 하고 열나게 하는 원인인 편도를 인체에 불필요한 기관이라 생각하고 잘라낸 것이지요. 그런데 연구가 진행되면서 편도의 중요한 역할이 밝혀졌습니다. 알고 보니 편도는 우리 몸속에 침입한 세균과 바이러스에 대항하여 싸우는 일차 면역기관이었습니다.

편도나 아데노이드는 10~12세 때 가장 커지고 그 이후부터 점차 작아지며, 외부 세균과 바이러스 침입에 대항하여 싸우는 일차 면역기관으로 중요한 역할을 하고 있다는 연구 결과가 계속 나오고 있습니다. 그래서 호흡이 곤란하거나 음식 섭취가 힘들 정도로 편도가 비대한 경우를 제외하고는 편도선 제거 수술을 거의 하지 않는 나라가 많고, 수술 권하는 것을 오히려 이상하게 생각합니다. 호흡에 문제가 생기거나 음식 섭취가 힘든 상태가 수술의 기준이 되어야 하는데, 단순히 편도가 크다고,

편도에 염증이 자주 생긴다고, 감기에 자주 걸린다고, 열이 자주 난다고, 코를 곤다고 수술을 권합니다.

만일 편도가 작으면 아이가 성장하는 동안 감기에 안 걸리고 열이 나지 않을까요? 목이 붓고 아픈 일이 없을까요? 편도의 크기가 정상인 아이도 자라면서 열나고, 목이 붓거나 아프기도 하는 것은 당연합니다. 이렇게 아프면서 면역력 강화를 위해 단련하는 것입니다.

필요 없는 기관이라고 잘라내던 편도가 불과 몇 년 사이에 매우 필요한 기관으로 밝혀졌습니다. 그러면 전에 제거 수술했던 어린이에게는 무슨 말을 해줄지 매우 궁금합니다. "그때는 그런 줄 몰랐었다."라는 변명으로 끝내기에는 우리 아이가 감당해야 할 부작용과 손해가 너무나 큽니다.

편도 제거 수술뿐 아니라 당시에는 옳다고 생각되던 치료법과 처방약이 얼마 지나지 않아 매우 잘못된 방법임이 드러나는 예가 많았습니다. 전혀 필요치 않은 경우에도 너무나 쉽게 처방하고 복용하는 항생제와 해열제에 대해서도 "정말 바보 같은 일이었어!"라고 탄식하는 때가 곧 올 것입니다.

포경 수술은 꼭 해야 하나요?

이 질문에 대해서는 간단명료하게 말씀드리겠습니다. 포경 수술은 하지 마세요. 하더라도 아이가 어릴 때 그냥 하게 하지 말고, 성인이 되어 꼭 필요한 상황이 확인되었을 때 스스로 선택하게 하세요.

우리나라는 성인 남자 50퍼센트 이상이 포경 수술을 하는 나라 중 몇 손가락 안에 꼽힙니다. 미국, 필리핀, 우리나라, 유대인과 이슬람교도 정도입니다. 필리핀과 우리나라는 미국 영향을 받았고, 미국은 유대인 영향으로 포경 수술이 유행처럼 번졌습니다. 우리나라도 1945년 8·15광복 이후부터 포경 수술을 하기 시작했는데, 그전에는 전혀 하지 않았던 수술입니다.

포경 수술은 성경에 언급된 '할례' 의식을 따르는 유대인의 종교적, 문화적 풍습일 뿐입니다.

유럽 47개국이 가입한 유럽평의회(Council of Europe)는 지난 2013년 10월 6일 프랑스 스트라스부르에서 '의학적인 필요에 의하지 않은 포경 수술은 아이의 육체에 대한 폭력(Violation of Physical Integrity)'이라는 내용의 결의안을 통과시켰습니다.

의학적인 필요란 무엇일까요? 성인이 되어도 포피의 겉껍질이 성기와 분리되지 않아 자연 포경 상태(귀두 전체가 노출되는 상태)가 되지 않거나, 포피가 성기를 조여 혈액순환을 방해할 때는 '의료적 목적'으로 포경 수술이 필요하다고 합니다(〈한계레신문〉 2013년 11월 15일자 기사 참조).

쉽게 말해 포경 수술이 필요한지, 필요치 않은지 알 수 있는 시기는 성인이 되었을 때입니다. 포경 수술이 필요한 경우는 극히 드뭅니다. 포경 수술을 하지 않으면 위생상 문제가 있다고 하면서 겁을 주기도 했는데, 목욕과 청결이 일상화된 오늘날에는 전혀 문제가 되지 않습니다.

포경 수술이 꼭 필요한 경우는 전체 남성의 2퍼센트 이하일 정도로 매우 드물며, 성인이 되어야 확인할 수 있습니다. 내 아이에게 평생 영향을 미치는 일입니다. 포경 수술로 얻을 수 있는 이득과 손해를 정확히 따져보고 자녀가 성인이 된 후 스스로 선택하도록 미루세요.

아이에게 홍삼을 먹여도 되나요?

어른뿐 아니라 어린이도 건강기능식품으로 홍삼을 많이 섭취하고 있습니다. 몸에 오히려 해가 되는 사람도 있는데 왜 복용하는지 물어보면 “주변에서 많이들 먹으니까.”, “부작용이 없으면서 건강에 좋다고 하니까.”라고 이야기합니다.

홍삼제조업체에서 홍보하는 내용 중 가장 쉽게 접하는 부분이 “홍삼은 부작용이 없으므로 누구나 오래 복용해도 좋다.”입니다. 과연 그럴까요?

2007년 식품의약품안전처에서 홍삼에 대해 실시한 ‘영양기능식품 안전성 평가 연구 보고서’를 보면 두통, 발열, 두드러기, 변비, 설사, 수면장애, 혈압 상승 등의 부작용이 있다고 알려줍니다. 그런데도 부작용이 없다고 주장하는 것은 어불성설입니다. 판매자의 입장일 뿐, 실제로는 그렇지 않습니다.

홍삼은 약효를 완화하고 보존 기간을 늘리기 위해 인삼을 찌거나 익히는 방법으로 만들었습니다. 그래서 홍삼은 인삼의 작용이 약간 누그러졌을 뿐 인삼의 기본 성질은 그대로 지니고 있습니다. 따라서 인삼이나 홍삼의 기본 효능과 복용 방법을 알아야 합니다.

아궁이에 불을 때던 옛날 시골집에 갔다고 상상해보겠습니다. 몹시 추운 겨울인데 아궁이 불이 약하다면 어떨까요? 일단 방바닥은 찰 테고, 아궁이 위 솥에 쌀을 안쳤는데 밥이 잘 안되겠지요? 이때는 아궁이에 장작도 더 넣고 부채질도 해서 불길을 세게 해야 합니다. 인삼은, 우리 몸에 아궁이 불이 세지도록 장작을 더하고 부채질하는 일과 같은 작용을 합니다. 몸이 냉하면서 손발이 차고, 얼굴이 창백하며, 소화가 잘 안되는 모습을 상상하면 쉽습니다. 이런 사람에게 인삼이나 홍삼이 도움될 수 있습니다.

자, 반대로 덥고 습한 한여름 무더위에 아궁이 불은 어떻게 해야 할까요? 당연히 불은 줄이고 창문을 열어 시원한 공기가 통하도록 해야 합니다. 한여름에 장작을 더 넣어 아궁이 불을 세게 하려는 것과 몸에 열이 많고 기초대사량이 많은 사람이 홍삼을 복용하는 것은 크게 다른 일이 아닙니다. 특히 열이 많고 활동량이 많은 어린이에게는 상당한 주의가 필요합니다.

약이든, 건강기능식품이든, 음식이든 "이것을 먹으면 모든 사람에게 효과가 있고 부작용은 없다."라고 주장한다면 일단 거짓말이라고 생각하세요. 모든 사람에게 효과가 있다는 말은 거꾸로 말하면 별다른 효과가 없다는 말이기도 합니다.

어떤 사람에게는 좋은 작용을 하더라도 정반대 성질을 가진 사람에게는 나쁘게 작용할 수 있습니다. 절대로 누구에게나 좋은 약은 없습니다. 그 사람에게 맞는 약이 있을 뿐입니다.

'무엇이 몸에 좋다더라.' 하면서 앞으로도 계속 언론과 사람들 입에 오르내리고 유행하는 약이나 식품이 있을 겁니다. 그럴 때는 항상 '누구에게는 좋을 수 있지만 다른 사람에게는 나쁠 수 있겠구나.'라고 생각하세요. 우리 아이에게 도움이 될지, 아니면 해가 될지 정확하게 판단한 다음 먹게 하는 것이 아이 건강을 지키는 길입니다.

유산균 복용이 필요한가요?

요즘은 건강보조식품으로 유산균 섭취가 유행입니다. 그만큼 현대인의 장 건강이 좋지 않다는 의미입니다. 장에는 수많은 세균이 활동하고 있습니다. 그중에 인체에 도움을 주는 유익균 중 하나가 유산균입니다.

장 건강이 좋다면 유산균뿐 아니라 장내 유익균 활동이 활발하고, 상대적으로 나쁜 세균의 활동이 억제되어 있습니다. 반대로 장이 나쁘면 장내 유익균 활동이 약화되어 장 기능은 물론 면역력에까지 나쁜 영향을 미칩니다.

그래서 유산균을 섭취하면 장내 유익균인 유산균의 기능이 활발해지도록 해준다는 희망으로 유산균을 먹습니다. 섭취한 유산균은 위산과 담즙 등의 소화액에 의해 파괴되어 장에 도달하는 것은 5% 미만이라고 합니다. 그나마 도달한 5% 이내의 유산균은 장 환경이 안 좋으면 제 기능을 할 수 없으니 과연 얼마나 도움이 될지 생각해보아야 합니다. 장이 건강하다면 유산균이 필요 없고, 장이 건강하지 않다면 유산균을 섭취해도 도움이 되지 않습니다.

그렇다면 장 건강을 나쁘게 하고 장내 유익균이 파괴되는 상황은 무엇일까요? 가장 나쁜 영향을 미치는 것은 단연코 항생제입니다. 열이 난다고, 감기에 걸렸다고, 염증이 있다고 아이에게 복용하게 했던 항생제가 유익한 균인지 나쁜 균인지 구분하지 않고 파괴합니다. 그다음은 찬 음식 섭취입니다. 찬 음식을 먹어 속이 냉(冷)해지고 장의 온도가 내려가면 장 움직임은 느려지고, 장내 유익균의 환경은 나빠집니다.

이 책 처음부터 계속 반복하는 이야기인데 소화기능 상태가 아이 건강의 전부라고 해도 과언이 아닙니다. 세균성 질환의 감염이 아니라면 불필요한 항생제 복용을 피하고, 찬 음식 섭취를 줄이고, 반신욕이나 찜질을 통해 배를 따뜻하게 한다면 굳이 유산균이나 기타 건강보조식품을 먹지 않아도 장 건강을 충분히 지킬 수 있습니다.

우유를 꼭 마셔야 하나요?

밥을 잘 먹지 않는 아이가 있다면, 키가 작거나 성장이 느리다고 생각하는 아이의 부모님이라면 우유를 많이 먹이려고 애쓰는 모습을 봅니다. 우유에는 칼슘을 포함한 기타 영양분이 많으니 그걸 통해서라도 아이가 건강하고, 키도 잘 컸으면 하는 바람 때문입니다.

그런데 주위에 보면 우유만 마셨다 하면 배가 아프고 설사까지 하는 어린이가 참 많습니다. 예전에는 학교에서 반강제로 우유 급식까지 하는 분위기였기에 우유를 먹지 않아서 혼나고 오는 일도 많았습니다.

우유 성분인 유당을 분해하는 효소를 락타아제라고 하는데, 동양인 중 90% 정도는 장에 이 효소가 부족하거나 없습니다. 모유 먹고 자랄 때는 풍부하지만, 이유식으로 넘어가고 일반 식사를 하게 되면 점차 감소하고 없어집니다.

우유를 소화하게 할 수 있는 성분이 몸 안에 없는데 우유가 들어오니 소화가 안 되어 배가 아프고 설사하는 것은 당연합니다. 배가 아픈 원인을 모른 채 아이를 위한다고 억지로 우유를 먹이려고 하지는 않았는지요.

우유를 계속 마신다고 해서 유당분해효소가 증가하거나 새로 생기지 않습니다. 증가한다 해도 매우 미미한 정도입니다. 우유에 포함되어 있는 영양분은 얼마든지 다른 음식을 통해서도 얻을 수 있습니다. 그래도 우유나 유제품을 꼭 먹여야 한다면 발효된 유제품을 섭취하면 됩니다. 하지만 시중에서 판매하는 발효된 유제품에는 많은 양의 설탕과 당분, 색소 등 첨가제를 포함하고 있습니다. 유제품 섭취를 통한 장점보다는 오히려 해로울 수도 있다는 점을 고려해야 하는 상황입니다.

우유를 마시면 배 아프지 않고 설사도 하지 않으며 어떤 불편한 증상이나 병이 없는 어린이라면 하루 한 잔 정도는 마셔도 좋습니다. 우리나라 어린이 10명 중 1~2명 정도가 여기에 해당합니다. 차게 마시기보다는 따뜻하게 마시는 것이 좋습니다. 찬 음식은 소화기능에 좋지 않으므로 냉기가 없도록 따뜻하게 데워서 마시거나 미지근하게 해서 마시면, 소화기능에 부담주지 않으면서 우유에 포함된 영양분을 흡수하고 성장에도 도움이 될 수 있습니다.

하지만 우유 마시면 배가 아프거나 가스가 차고, 대변도 좋지 않다면 굳이 먹이지 않아도 됩니다. 먹여봐야 흡수가 안 되어 장에 부담만 될 뿐입니다. 우리나라 어린이 10명 중 8~9명이 이렇습니다.

이 책에서 소개한 어린이에게 생기는 여러 가지 질병들이 대부분 소화기능 문제로 병이 시작되거나 악화되는 것을 확인했을 겁니다. 우유가 아무리 좋은 식품이라 해도 소화기관에서 흡수하지 못해 소화 장애를 유발하기만 하고, 장에 가스와 노폐물만 만들어낸다면 치료가 잘될 수 있을까요? 게다가 늘 차게 먹으니 몸에 좋을 리 없습니다.

진료실에서 아이들을 치료하다 보니 유제품을 섭취하고 있으면 치료 효과가 더디며, 유제품을 피하면 치료 속도가 훨씬 빨라지는 것을 확인할 수 있었습니다. 우리 아이가 감기에 걸렸다면, 열이 나고 있다면, 알레르기 질환이나 아토피 피부염 증상이 호전되지 않는다면, 배가 자주 아프거나 소화기능이 떨어진 상태라면, 이유 없이 병이 잘 낫지 않는다면, 우유가 아이의 병을 낫게 하는 데 방해가 될 수도 있다는 생각을 하고 우유와 유제품 섭취를 줄이면서 증상 변화를 관찰해보세요.

우유를 안 먹으면 큰일이 날 것 같아 걱정되나요? 전혀 고민할 필요 없습니다. 우유를 줄였더니 증상이 개선되고 치료 속도가 빨라진다면 유제품 섭취를 피하면 됩니다. 유제품을 먹지 않았는데도 치료에 미치는 영향이 별로 없고 우유를 마셔도 배가 아프지 않은 어린이라면 기호식품이나 음료수의 한 종류로 생각하고 하루 한 잔 정도 우유를 마시게 해도 됩니다.

우유를 통해서만 섭취가 가능한 필수 영양소가 있다면 소화가 좀 안 돼도, 배가 좀 아파도 우유를 마셔야겠지요. 하지만 우유에 들어있는 영양소는 다른 음식으로도 얼마든지 섭취할 수 있습니다. 그런데 우유를 흡수할 수 있는 상태가 아닌데도, 흡수가 안 되는데도, 치료에 도움이 되지 않는데도 굳이 우유를 마셔야 할까요?

한약재
믿을 수 있나요?

진료실에서 환자를 진찰하다 보면 한약 치료를 꼭 하고 싶지만 약재의 중금속 오염, 잔류 농약, 간 독성 등으로 망설여지고 걱정된다는 이야기를 듣습니다. 한약의 중금속 오염에 대한 뉴스가 간혹 나오고 있고, 이런 소식을 접하다 보니 한약 복용에 불안감이 드는 게 사실입니다.

이전에도 검사가 있었지만, 특히 2012년 4월부터는 국가 공인 검사기관에서 중금속, 잔류 농약, 곰팡이 독소, 잔류 이산화황, 벤조피렌 등의 항목에 대해 3단계(관능, 정밀, 유해물질) 검사를 마친 규격품 약재만 한의원으로 유통 가능하도록 법으로 정하고 있습니다.

한약은 크게 두 가지 경로로 유통됩니다. 국가 공인 의료 면허가 있는 한의원에 공급되는 한약재가 있고, 면허가 없는 사람이나 기업에게 공급되는 한약재가 있습니다. 현행 법규상 한의원에는 엄격한 각종 검사를 통과한 한약재만 공급되고 있으며 항상 식약청과 보건당국의 감독을 받고 있습니다. 이를 어길 때는 매우 중한 처벌을 받게 되고요.

식품으로 유통되는 한약재는 위와 같은 과정을 거치지 않습니다. 상당수는 건강원, 시장 등에서 유통되며 식품으로 취급됩니다. 이렇게 취급된 식품에 문제가 있는 것을 모든 한약재에 문제가 있는 것처럼 보도하니 의료 소비자는 잘못된 정보에 물들 수밖에 없습니다.

자, 그러면 식품의약품안전청(KFDA)의 검사를 통해 한의원으로 공급되는 한약재는 얼마나 안전한지 확인해볼까요?

대표적인 유해 중금속 카드뮴 기준

- 어패류 - 2ppm
- 유럽의 한약재 기준 - 1ppm
- 쌀 - 0.4ppm
- 한약재 - 0.3ppm

여기에다가 한약재를 탕전(불에 직접 접촉시키지 않고 탕이나 증기로 가열하는 것)할 경우 그나마 소량의 중금속은 한약재에 흡착되어 실제 한약 탕전액에는 거의 남지 않게 됩니다. 한약 처방 중 널리 알려진 십전대보탕을 달여 한 달 동안 섭취하게 되는 중금속의 총량은 밥 한 공기에서 먹게 되는 중금속 양보다 적다는 연구 결과가 나왔습니다. 즉 우리가 매일 밥 먹으면서 중금속 걱정을 하지 않듯이 한약 먹으면서 중금속 걱정을 할 필요가 없다는 얘기입니다.

한약에 관한 중금속 기사가 나오면 다음 두 가지로 생각할 수 있습니다.

첫째, 한의원에 공급되는 한약재처럼 식품의약품안전청의 검사 절차를 거치지 않고 식품으로 유통된 한약재를 가지고 검사했을 경우입니다. 한약재에서 문제의 성분이 검출되었다고 이야기하기 전에 어디에서 가져온 한약재인지 분명히 밝히고 확인해야 합니다. 검사 절차를 거치지 않은 식품으로 유통된 한약재라면 유통 관리에 소홀한 정부에 책임이 있으며 그러한 곳에서 한약을 구입한 소비자에게도 책임이 있습니다.

둘째, 의도적으로 한약을 깎아내리고 폄하하기 위한 이익집단의 의도가 있습니다. 일부러 검사 과정을 거치지 않은 한약재로 검사한 후 모든 한약재에 문제가 있는 것처럼 보도하여 많은 사람들에게 한약은 좋지 않다는 인식을 심어주려는 나쁜 의도입니다.

한의사 면허를 취득하고 국가에 정상적으로 허가받은 한의원이라면 어느 곳이든지 식품의약안전청 검사를 통과한 규격 한약재를 사용하고 있으니 걱정하지 않아도 됩니다. 하지만 한의원이 아닌 다른 곳에서 구입한 한약재나 처방으로 인해 부작용이 생겼다면 소비자가 책임져야 합니다. 그리고 병원에 가서 한약 때문이라고 설명하면 안 되고 허가받지 않은 식품을 임의로 복용했다고 정확히 이야기해야 합니다.

한약을 잘못 먹으면 살찌거나 머리가 나빠지나요?

"어려서 한약을 잘못 먹어서 살쪘어요."

"옆집 할머니가 그러시는데 어릴 때 한약 먹으면 머리가 나빠진대요."

이런 이야기를 하는 환자들이 종종 있습니다. 이 때문에 한약 치료가 필요함에도 한약 복용을 꺼리는 경우가 많습니다. 왜 이런 속설이 있는 걸까요?

양약은 부작용이 많습니다. 잘못된 복용이나 임의복용으로 부작용이 생기고 심하면 간혹 죽음에까지 이르는 사례도 있습니다. 그래서 의사의 진찰과 처방전을 통해서만 약을 복용할 수 있습니다. 그래도 약을 통한 이로움이 많기에 위험이 있어도 의사의 진찰과 진단 과정을 거쳐 부작용의 위험을 최소화할 수 있게 됩니다.

한약도 부작용이 있습니다. 그래서 한의사의 진찰을 거친 후 한약을 복용해야 합니다. 그런데 불과 몇십 년 전까지만 해도 한의사 진찰 없이 한의학 서적 한두 권 읽어본 동네 어른이 처방하는 예가 많았습니다. 치료 효과가 괜찮았던 때도 있었겠지만 부작용도 분명히 있었을 겁니다.

한의사 면허가 없는 사람에게 한약을 처방받아 부작용이 생겼다면 과연 한약이 문제일까요? 의사가 아닌 무자격자가 성형수술 잘한다고 해서 수술받았다가 잘못됐다면 성형수술이 문제가 아니라 시술자의 문제이고, 그런 시술자를 찾아간 사람의 잘못입니다. 마찬가지로 한의사가 아닌 사람에게 찾아가 약을 처방받아 복용한 것이 문제입니다.

그리고 일정기간에만 효과가 있는 한약이 평생 동안 살찌는 원인이 될 수 있을까요? 핑곗거리를 찾다 보니 한약을 핑계로 합리화하려는 것은 아닐까요? 약은 일정 기간 동안 신체 변화를 유도하고, 시간이 지나면 효과가 소멸합니다. 건강이 좋지 않아 밥을 잘 먹지 못했던 환자가 한약 치료를 통해 건강을 회복하고, 소화기능이 정상으로 돌아오면서 일시적으로 식사량이 증가할 수는 있습니다. 하지만 그 이후 체중 증가는 본인의 좋지 않은 식습관이 원인입니다.

어린이가 한약을 복용한 후 살쪘다거나 바보가 되었다거나 하는 이야기는 이제 더 이상 통하지 않습니다. 건강원에서, 약국에서, 종교인이 권해서, 이것만 먹으면 다 낫는다고 하는 약장수의 말을 믿고 한약을 복용했다면 심각하게 부작용을 걱정해야 합니다. 한의대 교과 과정을 이수하여 한의대를 졸업하고 한의사 면허를 취득한 한의사를 통해 한약을 처방받으면 그런 걱정은 처음부터 하지 않아도 됩니다.

한약을 복용하면 간이 나빠지나요?

일반 병원에서 이렇게 말하는 의사가 아직 있습니다. "한약을 복용하면 간이 나빠지니까 복용하지 마세요."라고요. 간에 이상이 생겨 내원한 환자를 진찰하면 그중에는 한약을 복용했다는 환자가 있을 수 있고, 이러한 상황이 몇 번 반복되면 의사는 한약이 간을 나쁘게 한다는 편견을 가질 수 있습니다.

그런데 환자가 의사에게 한약을 복용했다고 하는 경우 그것은 어떤 종류의 한약을 말하는 것일까요? 한의사의 진찰을 통해 제대로 처방받은 한약을 말하는 것일까요? 불행히도 그렇지 않습니다.

적지 않은 사람들이 건강원에서 달인 수많은 중탕제, 진찰 과정을 거치지 않은 알 수 없는 한약 처방, 허가받지 않은 건강기능식품, 식품의약품안전청의 검사를 통과하지 않은 출처 불명의 한약재를 이용한 약 등을 모두 한약이라고 뭉뚱그려 말합니다. 이러한 것들을 복용한 후 부작용이 생기지 않고, 간에 무리가 가지 않는 것이 오히려 더 이상합니다. 그렇게 하고 간 기능에 문제가 생기거나 부작용이 나타나면 한약 탓으로 돌립니다. 이것은 한약 때문이 아닙니다. 문제가 되는 약을 복용한 사람의 책임입니다.

조금만 관심을 두고 찾아보면 우리나라를 비롯해 세계 유명 학술지에 실린 수많은 연구 결과에서 한약 처방이나 한약이 간 기능 개선에 매우 훌륭한 효과가 있다는 사실을 확인할 수 있습니다.

그런데도 무조건 한약 복용하면 큰일난다고 환자에게 말하는 의사는 알고 그러는 것일까요, 아니면 모르고 그러는 것일까요? 알고 그랬다면 자신들의 이익을 위해 의사의 양심을 속이면서까지 환자 권리를 침해하는 것입니다. 모르고 그러는 것이라면 한의학 공부가 부족한 것이니 한약에 대해 잘 모르겠다고 하거나 '한약 중에 간에 부담이 될 수 있는 약이나 처방이 있을 수 있으니 한의사의 진단을 받고 처방받으세요'라고 해야 옳은 것입니다.

한약도 부작용이 있습니다. 간에 도움을 주는 처방과 약재가 있고, 다른 질병에 도움을 주지만 간에 부담을 주는 약도 있습니다. 의사가 처방하지 않은 약 복용의 부작용은 환자 본인의 책임이듯이 한의사가 진찰하고 처방하지 않은 한약은 한약이라고 말할 수 없고 그로 인한 결과 역시 본인의 책임입니다.

아이를 건강하게 키우고 싶은 부모 마음은 같습니다. 우리 아이가 아플 때 어떤 진료를 받게 할 것인지는 아이의 건강 상태에 따라 많이 달라집니다. 어른과 달리, 또한 선천적 질병이나 외과적 치료가 아니라면 한방 치료와 한약은 아이가 건강하게 자라는 데 큰 도움이 됩니다. 다른 사람에게 들은 잘못된 정보나 그릇된 속설 때문에 우리 아이가 아플 때 더 좋은 방법으로 치료받을 수 있는 기회를 놓치지 않기 바랍니다.

맺음말

모든 아이가 건강하게 자라기를 바라며

세상 모든 아이들이 건강하게 태어나서 성인이 될 때까지 아프지 않고 클 수 있다면 얼마나 좋을까요? 아이가 아파서 힘들어하는 모습을 보면 부모님 마음은 얼마나 아플까요? 세상 모든 부모들은 '대신 아파줄 수만 있다면 내가 대신 아파줄 텐데' 하는 한결같은 마음입니다.

아이들은 크면서 자주 아픕니다. 어떻게 보면 아프면서 크는 것이 정상입니다. 일상에서 접하는 아이들의 병은 병명에 따른 치료가 아니라 원인에 따른 치료를 하면 매우 빨리 좋아지고, 양약을 꼭 사용해야 할 정도로 나쁜 증상으로 악화되는 일이 많지 않습니다.

그래서 아이가 아프기 직전에 어떤 음식을 먹고, 어떤 일이 있었는지, 어떻게 했을 때 증상이 심해지는지 부모님이 살펴보는 것이 중요하고, 부모님의 세심한 관찰이 의사나 한의사가 치료 방향을 정하는 데 귀중한 판단 근거가 됩니다.

이 책을 통해 병명에 따라 일률적으로 약을 복용하기보다는, 병의 원인을 찾기 위한 노력과 원인에 맞는 치료가 중요하고, 잘못된 생활습관을 바로잡는 것이 필요하다는 것을 느끼기 바랍니다. 특히 어린이의 건강과 면역력, 성장은 소화기능에서 출발하므로 소화기능과 장 기능을 튼튼히 하는 것이 무엇보다 중요하다는 사실도 충분히 이해하기 희망합니다.

이 책에서 못다 한 이야기와 건강에 관한 글은 제 블로그(https://blog.naver.com/harmony2785)에 계속 업데이트할 예정입니다. 자주 방문해서 확인하기 바랍니다.

건강한 아이는 얼굴색이 좋고 밝은 미소가 가득합니다. 아이들이 건강하게 자라고 있는 가정에는 항상 웃음소리가 들립니다. 우리 아이의 건강은 바로 부모님의 작은 관심에 달려있습니다. 이 책을 통해 아이들의 몸과 마음이 건강해지고, 행복한 가정 이루길 기원합니다.

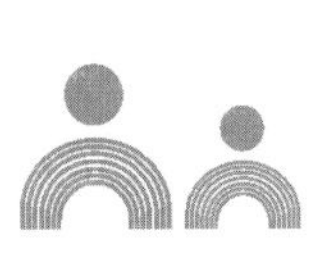